DK 有趣的学习

有趣的数学

ALL ABOUT NUMBERS

玩转数与形

英国DK出版社 著 王 贞 翟东伟 译

U0182480

科学普及出版社
· 北 京 ·

Original Title: All About Numbers
Foreword copyright © Johnny Ball, 2005, 2016, 2020
Copyright © Dorling Kindersley Limited, 2005, 2016, 2020
A Penguin Random House Company

图书在版编目（CIP）数据

有趣的数学：玩转数与形 / 英国DK出版社著；王贞，
翟东伟译. — 北京：科学普及出版社，2021.6（2023.8重印）
　（有趣的学习）
　书名原文：All About Numbers
　ISBN 978-7-110-10219-0

　Ⅰ. ①有… Ⅱ. ①英… ②王… ③翟… Ⅲ. ①数学—
青少年读物 Ⅳ. ①O1-49

中国版本图书馆CIP数据核字（2020）第269075号

策划编辑　邓　文
责任编辑　郭　佳
营销编辑　齐　宇
封面设计　朱　颖
图书装帧　金彩恒通
责任校对　张晓莉
责任印制　徐　飞

科学普及出版社出版
北京市海淀区中关村南大街16号　邮政编码：100081
电话：010-62173865　传真：010-62173081
http://www.cspbooks.com.cn
中国科学技术出版社有限公司发行部发行
北京华联印刷有限公司承印
开本：787毫米×1092毫米　1/16　印张：6　字数：150千字
2021年6月第1版　2023年8月第3次印刷
ISBN　978-7-110-10219-0/O • 198
印数：20001—25000册　定价：29.80元

混合产品
纸张 |
支持负责任林业
FSC® C018179

www.dk.com

上学时我的功课很糟糕，但对数学却情有独钟。当我离开学校后，发现自己仍对数学很感兴趣，学习数学成了我一生的追求。我热爱数学及一切与数学相关的事物。

我们做许多事情都离不开数学。我们需要解决各种各样的问题，如计数、测量、计算、预测、描述、设计等。数学可以使这些问题迎刃而解。

数学有许多分支，有些分支也许你从来都没听说过。所以书中我们尽可能从不同分支中选取例子、插图、谜语和窍门。这些分支至少是我们所了解的，也许在我写这篇文字的时候，一些新的数学理论又诞生了。

来吧，到这个充满惊喜和好奇的数学殿堂中漫步吧！这里有很多有趣的东西等着你，从魔法游戏到亲自动手的小制作。你就可以开始奇妙的旅程了，本书会带你到数学世界的任何地方……

约翰尼·鲍尔

目录

1,2,3,5,7,11,13

数字从何而来？

数字无所不在，为我们的生活提供了极大的便利。数字的作用不仅仅是计数，它已经成为人们生活中不可缺少的一部分。没有数字，我们无法知道时间和日期；没有数字，我们不能做买卖，无法弄清楚我们拥有多少东西，也说不出我们缺少多少。

所以，数字便应运而生了。

关于数字起源的故事充满了迂回曲折，人类花费了相当长的时间才在偶然中发明了今天我们所用的简易数字体系。

现在数字无处不在，我们不管做什么事情都需要数字。设想一下，如果没有了数字，这个世界将会怎样？

本报售价
·········
多个硬币

日期：夏末秋初

彩票开奖了！

杰克·波特

周末彩票头等奖为：红、红、蓝、黄、黄、白。

众多的头等奖获奖者于周日聚集到彩票公司总部兑奖，等待的队伍延伸到城中的所有道路。

本期奖金的总额有塞满几间房子那么多的钱，而每位获奖者最终能获得的奖金，却只够装满一只玻璃杯。

斯贝萨·万娜洛特是众多幸运者中的一员。

多胞胎

印度的一位妇女一次产下多个婴儿。这些婴儿虽然都只有小菠萝那么大，但医生说他们发育得都很不错。

萨利·阿姆斯特朗

虽说一位妇女一次产下一个又一个婴儿很常见，甚至有时能产下一个又一个又一个婴儿，但这位女性一次产下了一个又一个又一个又一个又一个又一个婴儿。

足球队进了

新 闻

电视节目表 在最后一页的前面的前面的前面的一页上

世界天气

温迪·加斯特斯

北京	雨后天晴，风和日丽	慕尼黑	很冷，应该戴上帽子
伦敦	天气晴朗但不是很暖和	里约热内卢	相当闷热，注意多喝水
巴黎	阴冷雨天，注意加衣服	悉尼	阴冷天气，该穿长袖
纽约	很热，可以穿T恤衫	东京	可能会有雨，外出带上雨具

艾弗·斯匹林莱格和哈里·福特获得金牌。

很多很多的球

约翰尼·波尔

昨天英格兰队以几个进球的优势击败了巴西队，再一次赢得了世界杯。开赛不久鲁尼远射破门，英格兰队取得领先。之后他又在中路一次又一次突破得分。据官方统计，到现场观看这次比赛的观众"几乎把整个体育场撑破了"。

比赛结果

西班牙：许多进球
意大利：没有西班牙那么多
哥伦比亚：没有进球
尼日利亚：少许进球
德国：几个进球
泰国：和德国一样
墨西哥：大量的进球
瑞典：比墨西哥更多

最新消息：

印度妇女
又产下一名婴儿！

奥运选手夺金

索尼亚·马克思

在昨天的奥运会跳高比赛中，艾弗·斯匹林莱格打破纪录获得了金牌。他以略微的优势打破了原来已经确实很高的纪录。

同样，在一块中等大小的场地上进行的短跑比赛中，哈里·福特击败其他选手并打破了短跑纪录获得金牌。吉米·克力基特以微弱劣势输给福特，获得银牌。作为一位身经百战的运动员，克力基特现在已经获得了至少儿枚奥运奖牌。

人类是如何开始计数的?

当人类第一次开始计数时，极有可能使用的是手。由于几乎所有的人都有十根手指，所以十个十个地计数就很有意义，现代计数体系（十进制）就是这样被发明的。

为什么用手计数?

在人类有关于数字的语言之前，手指为人们提供了一个方便的计数工具。计数的时候可以通过触摸手指帮助记忆，也可以不用语言而只用手指来相互交流数量。手指与数字间的联系已经有悠久的历史。甚至在今天，英语中仍在使用拉丁语的"手指（digit）"一词来表示"数字"。

为什么是"十"?

数学家指出，我们以"十进制"计数，也就是说我们十个一组地计数。十个十个地计数并没有数学上的原因，这仅仅只是生理学上的偶然。如果存在只有八根手指的外星人的话，它们很有可能以"八进制"来计数。

原始人计数吗?

在人类历史中，大部分时期人们几乎用不着数字。在农业时代之前，人类靠渔猎和采集水果的方式从野外收集食物。他们只采集他们所需要的，而且几乎从不交换和储存，所以不需要计数。但是，他们可以通过观察太阳、月亮和星星来判断日期和时间。

亚马孙热带雨林中的毗拉哈人计数不超过"2"

如果人类只有八根手指，我们很有可能以"八进制"来计数。

在一些古老的文化中，人们采用"五进制"，用手来计数

所有人都会数数吗？

在少数地方，人们依然过着渔猎采集的生活。他们中的大多数人会数数，但是仍有一小部分人几乎不使用数字。亚马孙热带雨林中的毗拉哈人仅仅能数到二——其他比较大的数字都用"很多"表示。在坦桑尼亚，哈扎人只能数到三。对他们来说，大数字的存在似乎从来就没有必要，即使没有它们，这两个部落仍然能过得很好。

为何要发明"烦人"的数字？

如果人们不用数字也能生存，为什么会有人开始计数呢？主要原因是为了防止被骗。想象一下，你捕到了10条鱼，让你的朋友帮你带回家。如果你不会数数，他就能偷走一些，而你却被永远蒙在鼓里。当然，这只是开个玩笑。

什么东西值得去数？

即使人类已经发明了计数方法，并且习惯于计数，一部分人很可能仍然只数那些他们认为有价值的东西。现在有一些部落仍然如此。巴布亚新几内亚的亚普诺部落只数他们拥有的编织袋、草裙、猪和钱的数量，但是从来不去计算日期、人口、甘薯或者坚果！

用**身体**来计数

手与脚

在巴布亚新几内亚的部落中，至少有900种不同的计数体系。很多部落用手指计数，但是并不是"十进制"。有一个部落手指脚趾并用，使用"二十进制"的计数系统。在他们的语言里，"十"就是"两只手"，"十五"就是"两只手和一只脚"，而"二十"则是"一个人"。

头与肩膀

在巴布亚新几内亚的一些地方，部落居民数数时从一只手的小拇指开始数起，数完手指后数胳膊，然后是身体，直到另一条胳膊，最后是另一只手。法伊沃尔部落用身上的二十七个部位计数，并且把这些部位的名称当数字来用，比如说"鼻子"就是"十四"。对于大于二十七的数字，就加"一个人"。所以，"四十"就是"一个人和右眼"。

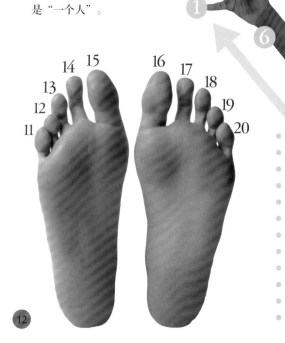

从这里开始！

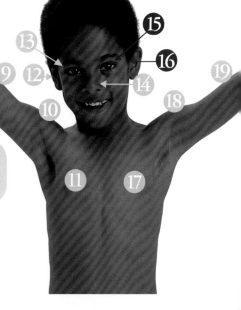

22 16 15

手指计数

　　用手指来数小于十的数字很方便，但是对更大的数字呢？历史上，人们发明了很多不同的方法来表示大于十的数，常常是使用身体上不同的部位。今天世界上有些地方的人仍然在用他们的身体来计数。

六十进制

　　大约五千年前生活在伊拉克的古巴比伦人以"六十进制"进行计数。他们把一年分成360天，即6×60。我们不能确定他们是如何用手进行计数的，但是有一种理论对此做了解释：他们用一只手的拇指轻敲同一只手的其他手指，表示1~12的部分，而另一只手的手指则表示有几个12，总共可以表示60。我们现在仍在使用的六十进制的"分"和"秒"就是古巴比伦人发明的。

用手指示

　　用身体部位来计数对于有些部落极其重要，因为他们无法仅用语言来正确地表达数字。巴布亚新几内亚的巴卢卡部落用身上22个部位计数，但是同一个单词"手指"却可以表示"2、3、4、19、20、21"。为了避免混淆，他们在说这些数字的时候，总要指着正确的身体部位。

小戏法

　　在做乘法的时候，手指也像数数的时候一样方便。你可以用这个小戏法来记忆九九乘法表中乘九的那一部分。首先，把两只手伸在面前，并把十根手指从左到右编成一到十号。想要算出某个数乘以九等于多少，你只需简单地弯曲表示那个数的手指。举例来说，要算7×9，就弯曲第七根手指。这时，弯曲的手指左边有六根手指，而右边有三根手指，所以答案就是63。

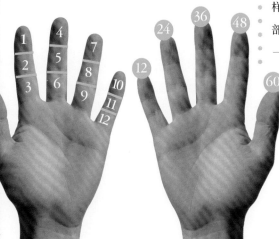

13

标记

在几十万年前，人类熟练地掌握了用手指计数的方法。到了大约六千年前，世界发生了改变。在中东，人们懂得了如何驯养动物和种植农作物——农民出现了。

古巴比伦数字

大约六千年前，古巴比伦（现在的伊拉克地区）的人们开始制作黏土代币作为交易的记录。不同形状的黏土代币表示不同的物品……

……一个椭圆代币可能代表一袋小麦……

……而一个圆圈代币可能意味着一罐油。两个代币换两罐油，三个代币换三罐油。

当一次交易需要用到很多代币时，人们就用黏土把它们包裹起来。交易者在黏土包上用削尖的木棍刻上不同的符号，以此来表示里面都包了些什么。后来一些人想到了更简洁的办法，只需简单地将符号刻在黏土上就可以表示交易内容，这样就摆脱了烦琐的代币。于是"文字"被发明了。

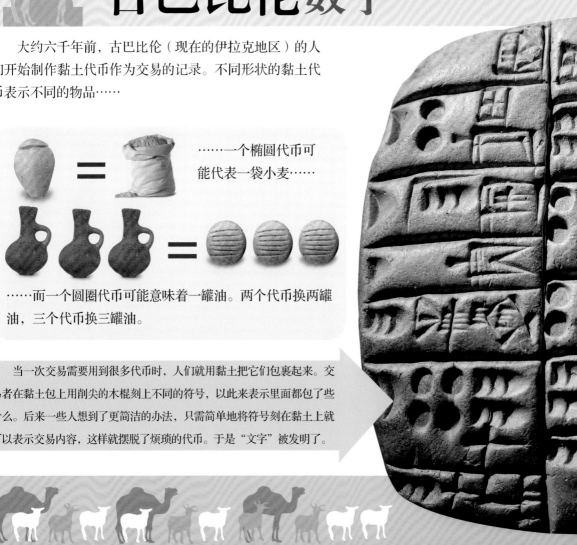

在南美洲发现的古秘鲁人的结绳文字

随着农业的出现，人们开始在市场里进行产品交换。他们需要准确地知道自己拥有多少东西，又买卖了多少东西，以免受到欺骗。于是人们开始做记录。记录的方式多种多样，可以在棍棒或者骨头上刻凹痕，或者在绳子上打结。

在伊拉克，人们从河里捞出湿的黏土块，并在上面做标记。等黏土在太阳下晒干变硬时，那些标记就成了永久的记录。通过这种标记方式，伊拉克的农民们不仅发明了数字写法，更重要的是发明了"文字"。"文字"是文明的开始，而它的出现正是由数字引发的。

在非洲发现的伊尚戈骨头

公元前4000 — 前2000年

最初的符号都是像古老的代币一样的圆圈和锥形，随着古巴比伦人在制作木笔工艺上的提高，这些符号转变成了小而深的楔形。

他们做这样的标记表示一个"1"：

如果要写到9，只要简单地增加标记的数量：

2是　　　3是　　　4是

当写到10的时候，就将这个符号变形后倒向右边……

……当写到60的时候，再将此符号变回原样。

下面就是古巴比伦人如何表示数字99的示意图：

= 99

60　　　30　　　9

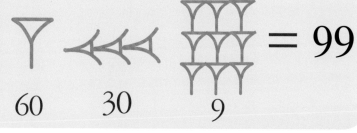

像古埃及人一样工作

穿过撒哈拉大沙漠的尼罗河沿岸，古埃及人在狭窄的绿洲上耕种。每年夏天尼罗河河水都会泛滥，冲毁田地和沟渠。年复一年，古埃及人都要重新标记他们的田地。因此他们都成了娴熟的土地测量者和时间记录者。数学不仅用来计数，同时用来丈量土地、建筑房屋及寻找时间的规律。

要想测量某种量——不论是时间、重量还是距离——都需要单位。古埃及人以人的身体部位的长度为单位。至今仍有人用"脚（英语中'英尺'和'脚'是同一个单词）"来衡量他们的身高。

头发丝（最小的单位）

1指节

7掌宽

腕尺

掌宽

步长（码）

脚长（英尺）

古埃及人发明的数字不太适合做分数运算，所以古埃及人将每一个单位都分割为小一级的单位。举例来说：1腕尺等于7掌宽，1掌宽等于4指宽。

古埃及数字

古埃及人以"十进制"进行计数，数字的写法就像画画，或者称为"象形文字"。简单的线条表示1、10和100。画一朵莲花表示1000，一根手指表示10000，100000是一只青蛙，而1000000则是一个神。

	1
	10
	100
	1000
	10000
	100000
	1000000

这些象形文字被堆积在一起用来表示更大的数字。下面就是用古埃及文字书写的1996：

刻在石头上的是象形文字，而写在纸上的却是另一种体系。

没有数学就没有金字塔

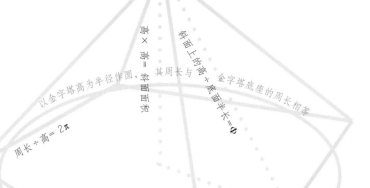

以金字塔高为半径作圆

高×高=斜面面积

斜面上的高

其周长与

金字塔底座的周长相等

周长÷高=2π

金字塔底座÷底面半长=Φ

有了数学方面的知识，古埃及人才能够造出金字塔。胡夫大金字塔是数学上的一个奇迹。一直困扰着古希腊数学家们的圣数π和Φ（详情见34页和42页）体现在这座金字塔的每一个维度上。也许这只是一个巧合，但如果不是巧合的话，就只能说古埃及人在数学方面的确非常有造诣。两百万块石头通过手工切割构成了这座神奇的建筑——这些石块足以造出一堵高两米，连接埃及和北极的墙。在建成后的3000多年里，它一直都是世界上最大最高的建筑，直到519年永宁寺塔才超越了它的高度。

驾驭时间

能否掌握尼罗河泛滥的规律对于古埃及的农民来说是性命攸关的。因此他们摸索着去计算天数，小心地记录日期。他们把月亮和星星作为日历。当天狼星在夏天升起的时候，古埃及人知道尼罗河就要泛滥了。接着当新月出现的时候，就是古埃及新一年的开始。

古埃及人也使用太阳和星星作为钟表。他们将黑夜和白天分别划分为12个小时，每小时的长度随着季节的交替改变长短。应该感谢古埃及人，由于他们，一天才有了24小时。

公元前3000 — 前1000年

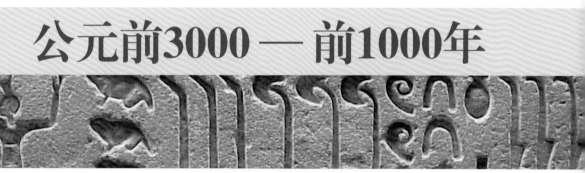

古埃及数字在加减运算方面非常方便，但在乘法上却令人感到无奈。

为了摆脱这个尴尬局面，古埃及人设计出一种通过加倍运算来做乘法的巧妙方法。当你知道了这个技巧，你也可以试一试。

假设你想计算13×23的结果，你需要写下两列数字。在左边一列，写下1、2、4、8等，如此不停地加倍直到要大于13。在右边一列，以23为基础开始，连续的加倍直到与左列数字个数相同。在左列里，你只有一种方式组成13（8+4+1），划掉多余的数字。然后将右列数字里与左列被划掉数字在同一行的数字也划掉，再将剩余的数字加起来，就会得到答案。

13	×	23
1		23
2		46
4		92
8		184 +
13		299

玛雅数字

美洲的原住民也发明了农业及书写数字的各种方式。玛雅人甚至拥有比古埃及人更优越的数字体系。他们通过准确地记录日期，推算出一年有365.242天。也许是玛雅人计数时脚趾和手指一起用的缘故，他们以"二十进制"进行计数。他们的数字写起来就像一些豆子、短棒和贝壳——似乎他们曾把这些东西当算盘来使用。

1 是
2 是
3 是
4 是
5 是

表示1~4的符号看起来就像可可豆或者鹅卵石，而表示5的符号看起来像一根短棒。

这些短棒和豆子堆积在一起用来表示20以下的其他数字，因此18就如右图所示。

罗马数字

罗马数字流行于罗马帝国统治时期的欧洲。罗马人以10为基数进行计数，并且使用字母来表示数字。这种方法成为欧洲人书写的主要方式并持续了近两千年。即使在今天，我们仍然能够在很多地方看到罗马数字，如钟表上的时刻，皇室成员的名字（如女王伊丽莎白二世）以及用罗马数字（Ⅰ）（Ⅱ）和（Ⅲ）做页码的书籍。

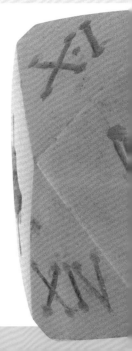

和其他计数体系一样，罗马数字也是以一个简单标记开始：

1 是 **I**　2 是 **II**　3 是 **III**

更大的数字以不同的字母表示：

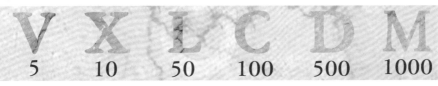

V	X	L	C	D	M
5	10	50	100	500	1000

公元250—900年

对于大于20的数字，玛雅人通过将短棒和豆子分层摆放来表示。我们的数字都是水平地横着写，而玛雅人的数字却是垂直着写。最底下的一层表示小于20的数字，它的上一层表示有多少个"20"，再往上的一层就表示有多少个"400"。所以421的表示如右图所示：

贝壳用来表示"0"，所以418的表示如下图所示：

400
400
20
1

400

不足20

18

玛雅数字非常适合进行加法运算。你可以简单地通过把每一层的短棒和豆子加起来获得最终结果。比如，418+2040就可以这样来计算：

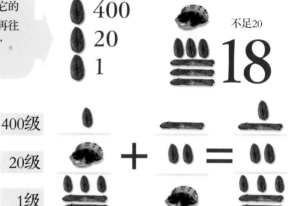

400级
20级
1级

418　＋　2 040　＝　2 458

公元前500—公元1 500年

用罗马数字表示某个数的时候，你要写出一个数字的列表，其总数是你要表示的数，并且应把小的数字写在右边，大的数字写在左边。这样写起来虽然简单，但是写出来的数字会很长而且烦琐。

如果要写出49你需要9个字母：

XXXXVIIII

为了使数字写起来更容易一些，罗马人发明了一个书写规则：当一个小数在大数左边的时候，就表示用大数减去小数。所以，可以用"IV"来代替"IIII"来表示"4"。但是人们并不总是坚持这个规则，即使是在今天，你仍然可以看到钟表上用"IIII"来表示"4"（虽然钟表上也用"IX"来表示"9"）

在进行乘除运算的时候，罗马数字简直糟糕透顶。右图表示的是如何计算123×165：

CXXIII
CLXV
D　　LL　VVV
M　　CC　XXX
MMMMM DD　LLL
MMMMMMMMMM　CCC
MMMMMMMMMMMMMMMMMMMM DDD CCCCC LLLLL XXX VVV
CCCCCC L XXXX V
DDDD
MMMMMMMMMMMMMMMMMMMM
MMMMMMMMMMMMMMMMMMMMCCLXXXV

答案是
20295

事实上，罗马数字很可能使数学的发展停滞很多年。直到印度人发明的非常巧妙的计数方法传到欧洲之后，数学才挣脱了枷锁开始发展。

印度数字

在古时候，最好的计算方法是使用算盘——一种用成串的珠子或者石头做成的计算工具。但是在1500年前，古印度人想出了一种更好的办法。他们发明了"位置数字体系"——一种书写数字的方法，

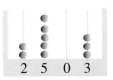

这种方法将表示数字的符号写在与算盘上的珠串对应的位置上。这就意味着不用算盘，而只写下数字就可以进行复杂的运算。但是空着的珠串位置也需要一个符号表示，所以古印度人发明了"0"。这是一个天才的发明！这个新的数字从亚洲传到欧洲，并且一直使用至今。

不同于其他数字体系，古印度数字只有10个符号，这使它显得极其简洁。几个世纪以来，这些符号在从一处向另一处传播的过程中，逐渐进化成为我们现在通用的数字。

| 公元1300年 | 公元400年 | 公元700年 | 公元900年 | 10世纪 |
| 公元400年 | 公元600年 | 公元1100年 | 公元1200年 | |

欧洲　公元1200年至今

在欧洲，人们发现古印度数字在计算方面非常实用，于是古印度数字就慢慢取代了罗马数字。新数字极大地推动了文艺复兴的到来，文艺复兴时期又称为"学习时代"，也是现代科学诞生的历史时期。

英格兰　公元1100年

一个名叫阿德拉德的英国修士伪装成阿拉伯人访问了北非。他翻译了花拉子模的著作，并把"0"带回了英格兰。由于他只是将此告诉了其他的修士，所以并未引起反响。

北非　公元1200年

访问北非阿拉伯国家的意大利商人偶然学会了使用古印度数字。在1202年，一位名叫斐波那契的意大利人在《算盘全书》中阐明了这些数字的用法，从而使得古印度数字流传到了意大利。

公元前200年至今

古印度人用墨水在棕榈树叶上书写数字，并使用一种连笔风格使数字变得弯曲。表示"2"和"3"的符号起初只是线条的组合，但是当人们写得快的时候，这些线就连在了一起。

从这样……　　　　变成……　　　　……这样。

"0" 传入欧洲

巴格达　公元800年

古印度数字和"0"流传到了新建立的穆斯林帝国的中心——巴格达。一位名叫花拉子模的人写了许多关于数学的著作，推动了古印度数字和"0"向世界其他地区的传播。单词"arithmetic（算术）"和"algorithm（算法）"就源于他的名字。而单词"algebra（代数）"则源于他的著作《还原与对消的科学》。

我们常把现代数字叫作阿拉伯数字，因为它们是经过阿拉伯世界传入欧洲的。

古印度　公元前200年

早在公元前300年，古印度的数学家就开始广泛使用1到9这几个符号。到了公元600年，他们发明了位置数字体系和"0"。

巴格达

印度

穆斯林帝国进入非洲，并把"0"带了过去。

乘着骆驼队和船只旅行的商人将古印度数字带到了欧洲。

不可轻视的 "0"

"0"并不总是意味着什么都没有。如果你把一个0放在一个数字的末尾，就等于把它扩大了十倍。这是因为我们使用的是"位置数字体系"。在此体系中，数字的位置表示它们的真值。比如说数字123，它表示1个100，2个10和3个1。当数字中间有空位时我们需要用0来填充，否则我们就无法区分11和101。

一个特殊的数字

当你问别人这样一个问题："1 × 2×3×4×5×6×7×8×9×0等于多少？"答案当然是0。但是如果你听得不仔细，它听起来好像是一个非常难的问题。一个数乘以0非常简单，但是除以0就会有很多麻烦。如果你尝试着在计算机上用一个数除以0，计算机将会警告你或者给你一个奇怪的结果"无穷"！

用0做除数的算式无法得出结论。举例来说，如下等式：

$$1 \times 0 = 0$$

如果两边同除以0，将得到：

$$1 = 0 \div 0$$

但是如果你从下式开始……

$$2 \times 0 = 0$$

……并进行相同的操作，将得到

$$2 = 0 \div 0$$

如果将两个等式合并，就意味着

$$1 = 2$$

而这是不可能的。但这是哪里的错？答案是你不能用0作除数，因为这样做没有意义。想一想，问"6是2的几倍？"是有意义的，但是问"6是0的几倍"却没有意义。

新年快乐！

"0"早在1500年前就已经被发明了，虽然我们使用"0"已经有很多世纪了，但它仍然让我们头痛。当人们在1999年庆祝2000年的新年前夜时，他们认为也在庆祝新千年的到来。但是有人认为，由于从来没有过公元"0"年，所以这场庆祝早了一年。新千年和21世纪实际上应当从2001年1月1日开始，而并不是2000年1月1日。

公元前2000年

在4000年前的伊拉克，古巴比伦人通过在黏土上的楔形标记之间留下小裂缝来表示 "0"，但在他们的意识中并没有把裂缝当数字。

巴比伦尼亚

印度

公元前350年

古希腊人在数学上有着光辉的成就，但是他们憎恶关于 "0" 的想法。古希腊哲学家亚里士多德曾说，"0" 是非法的，因为它作为除数的时候会把计算搞得一团糟。

公元元年

罗马数字没有 "0"，因为在他们的计数体系中根本不需要。如果没有什么东西需要数，为什么需要一个数字呢？（一些罗马人曾经认为1同样也很无用，因为只有当你拥有多余一个东西的时候，你才需要一个数字来表示数量。）

即使罗马人考虑到了 "0"，它在罗马人那烦琐的计数体系里也起不了作用，因为这个体系使用的都是如同 "MMCCCXVCXIII" 那样长长的字母序列。

"0" 的发展简史

中美洲

北非

公元600年

古印度的数学家发明了现代的 "0"。他们拥有一个数字位置影响其真值的计数系统，并且使用点和圆圈表示间隔。为什么使用圆圈呢？因为古印度人曾经用鹅卵石在沙子上进行计算，而圆圈就像鹅卵石被移走时留下的痕迹。

阿拉伯

欧洲

公元1150年

当古印度数字传播到阿拉伯国家的时候，"0" 在12世纪来到了欧洲。人们很快发现，有了 "0" 之后的计算变得比以前容易多了。

数字的世界

	1	**2**	**3**	**4**	**5**	**6**	**7**	**8**	**9**
巴比伦文字	Y	YY	YYY	YYYY	YYW	YWW	YWWW	YWWW	YWWW
古埃及象形文字	I	II	III	IIII	IIIII	IIIIII	IIIIIII	IIIIIIII	IIIIIIIII
古埃及文字手写体	I	U	III	IIII	ϥ	ϫ	λ	≡	⋙
中国算筹	I	II	III	IIII	IIIII	丅	丌	丗	丗
汉字	一	二	三	四	五	六	七	八	九
印度文字（瓜利尔）	1	2	3	8	4	८	2	5	०
希伯来文字	א	ב	ג	ד	ה	ו	ז	ח	ט
希腊文字	A	B	Γ	Δ	E	F	Z	H	Θ
罗马文字	I	II	III	IV	V	VI	VII	VIII	IX
玛雅文字	•	••	•••	••••	●	·••	··••	••••	••••
现代阿拉伯文字	١	٢	٣	٤	٥	٦	٧	٨	٩

在历史的长河中，人类发明了数百种的"数字表"，其中比较重要的一些如下表所示。它们模样各异，但是却有一些奇特的共同点。它们大多以一个简单的标记开始，如线条和点。而且大多在写到10的时候有了形式的变换，而"10"正好是人手指的个数。

10	20	30	40	50	60	70	80	90	100
十	二十	三十	四十	五十	六十	七十	八十	九十	百
I	K	Λ	M	N	Ξ	O	Π	Ϙ	P
X	XX	XXX	XL	L	LX	LXX	LXXX	XC	C

BIG

数字游戏

回答以下问题，小心陷阱哦！答案见第92页。

1 这里有三张比萨饼，你拿走了两张，问：你有几张比萨饼？

2 1要花掉1英镑，12要花掉2英镑，400要花掉3英镑，这是什么？

上面的问题非常简单

    IV

下面的问题可有点挑战性哦

12 农妇皮博迪夫人拎了一篮子鸡蛋去市场卖。布莱克夫人买了这篮子鸡蛋的一半零半个鸡蛋，斯密斯先生买了剩下的鸡蛋的一半零半个鸡蛋，接着李夫人又买了剩下的鸡蛋的一半零半个鸡蛋，后来杰克逊先生又买了剩下的鸡蛋的一半零半个鸡蛋，费希菲斯夫人接着买了剩下的鸡蛋的一半零半个鸡蛋。现在篮子里还剩下一个完整的鸡蛋，问原来一共有几个鸡蛋？（提示：采用逆推法）

13 三位好朋友一起吃饭，总共花了30英镑，他们很快付了账。但是服务生突然发现算错了账，他们只需付25英镑就行了。所以他从柜台拿回来5英镑归还顾客。但是服务生想到3个人分5英镑不好分，于是决定留下2英镑作小费，退给3个人一人1英镑。最终每个顾客花费了9英镑而服务生得到了2英镑的小费，也就是说3位顾客总共花了29英镑。请问为什么会少了1英镑呢？

14 四个男孩要在晚上通过一座峡谷上的旧吊桥去火车站，桥很不稳，桥板也丢了很多。过桥的时候必须拿着火把照明来避开桥上的窟窿，但是他们只有一支火把，而且由于峡谷太宽也无法将火把扔回去。同时桥很窄，每回只能两人以较慢者的速度并排过去。而这四个男孩的速度都不一样：

威廉过桥用1分钟，

亚瑟用2分钟，

查理用5分钟，本尼用10分钟。

现在离火车开动还有17分钟，他们应该怎么过桥才能不误火车？（提示：让速度较慢的两人一起过桥）

15 你能否在两分钟之内找到4个奇数（可以重复），使它们的和是19？

3 你开着火车从普斯顿到伦敦，早上9点出发，行驶了2.5个小时，在伯明翰停了半小时，最后火车又用了2个小时到达。请问司机的名字叫什么？

4 50除以1/2是多少？

5 如果你有3颗糖果，每半小时吃1颗，吃完要用多久？

6 田地里有30只乌鸦，农夫开枪打死了4只，问田地里还有几只乌鸦？

7 一大箱冰激凌的重量为自身重量的一半再加上6千克，问这箱冰激凌总共有多重？

8 有个人住在一个环形的公园旁边，当他顺时针绕着公园走的时候，走一圈需要80分钟；而当他逆时针绕公园走的时候，走一圈却需要1小时20分钟，为什么？

9 《圣经》里记载诺亚根据上帝的旨意建造方舟，并选择陆地上的物种每种一对带上诺亚方舟，因此在方舟上同一种类但不同性别的动物有几只？

10 某人有14匹骆驼，除了3匹都死了。问他还剩几匹？

11 人有几个生日？

$$\frac{11}{11}$$

16 有个牛仔要把11匹马分给他的孩子们。他承诺给大儿子一半，二儿子1/4，小儿子1/6，请问如何在不杀死马的条件下公平地分配？（提示：邻居有一匹马要卖，但是牛仔买不起）

17 有一个5升的罐子和一个3升的罐子。只用这两个罐子，如何从水龙头接到4升水？

18 找到两个数，使它们相乘等于1000000，并保证这两个数里不包含"0"。（提示：先开平方试试）

19 一条金链子被分成4段，每段有3环。如图所示：OOO OOO OOO OOO。你要到店里修理这条链子。但是打开一个环要花1英镑，合上一个环也要1英镑，而你总共有6英镑。请问你的钱够不够把这条链子连成一个圆圈？

20 老师教会了学生怎样使用罗马数字，然后在黑板上写下"IX"，问学生有没有人能添上一笔把它变成6。如果是你，该怎么办？（提示：6在英语中写作SIX）

21 有人问动物园的管理员动物园里一共有多少骆驼和鸵鸟。他回答："所有的骆驼和鸵鸟共有60只眼睛和86条腿。"问骆驼和鸵鸟各有几只？（提示：先考虑眼睛）

					1					
				1		1				
			1		2		1			
		1		3		3		1		
	1		4		6		4		1	
1		5		10		10		5		1

魔法数字

人们一向都惊叹于魔法的奇妙与绚丽，我们甚至会梦想着拥有那种超乎常人的魔法力量。

最早的魔法师是古老部落中利用数学施展魔法的人。他们能够确定道路的方向，预言季节的变更，但事实上他们靠的不是魔法，而是依据自己对太阳、月亮和星星的观测。的确，数学可以使你拥有魔力。

成为数学家也就是成为数字魔法师

在本章里你会发现一些神奇的数字，如 π、无穷和质数。在你发现数学魔力的同时，你也将学会施展能使你的朋友瞠目结舌的数字魔法。

魔法

在魔法方块（在中国称为"幻方"）里，每一行和每一列上的数字之和都相同——等于"魔法和"。试一试在右边的方块中是否能求出这个"魔法和"。看看每一行每一列是否都满足要求？现在试试求下列数字的和：

● 两条对角线上的数字
● 每一个角上的数字和它周围的3个数字
● 位于4个角上的4个数字
● 正中间的4个数字

事实上，总共有86种方法可以在方块里找到4个数字使它们的和为34。这是欧洲公开发表的第一个魔法方块，它出现在1514年的一幅油画里。油画的作者甚至将年份（1514）也画在了这个方块里。

16	3	2	13
5	10	11	8
9	6	7	12
4	15	14	1

世界上最早的魔法方块出现在4000多年前，据说是由中国的皇帝大禹利用数字1~9发明的。要画出这个方块，你需要先将1~9按顺序排列成三行，再将对角的数字交换，然后把新方块挤压成菱形。

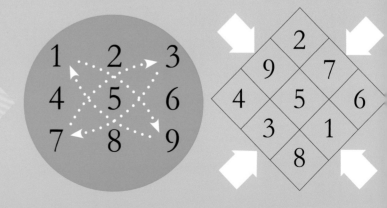

生日方块

你可以将下面这个魔法方块进行改变，使它的"魔法和"变成比22大的数字。诀窍就是只改变图中加亮的4个数字。现在"魔法和"是22，假如你要把它变成30应该怎么办呢？因为30比22大8，所以把加亮的4个数字都加上8，然后重新画方块，这时"魔法和"就变成了30。你可以试一试，其他情况也都成立。

8	11	2	1
1	2	7	12
3	4	9	6
10	5	4	3

利用魔法方块做一个生日卡片，使"魔法和"等于某个人的年龄。

可以颠倒的方块

96	11	89	68
88	69	91	16
61	86	18	99
19	98	66	81

试一试能否算出这个很一般的魔法方块的"魔法和"，然后将书倒过来看，算一下它还是魔法方块吗？

马的遍历

在下面的这个魔法方块里，每一行和每一列的数字之和都是260。但是这个方块里有更让人惊奇的东西。观察图中数字组成的阴影部分，从1移到2的路线同国际象棋里马走一步的路线一样：向前走两格，再向旁边走一格。请按这种方法接着走下去，依次走到3、4等，看看最后会出现什么情况。

1	48	31	50	33	16	63	18
30	51	46	3	62	19	14	35
47	2	49	32	15	34	17	64
52	29	4	45	20	61	36	13
5	44	25	56	9	40	21	60
28	53	8	41	24	57	12	37
43	6	55	26	39	10	59	22
54	27	42	7	58	23	38	11

动手做

按照马移动的方式画出你自己的魔法方块。先画一个5×5的方块，然后将1写在最下面一行的任意一个位置。从1开始按马移动的方式（先向上，然后向右）找到2、3等的位置。如果走出了方块，就在对应的另一端重新进入方块。如果已经无法走下一步（位置已经被占用了），就向右边跳两格代替。

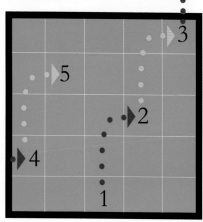

下一个是什么？ 1，1，2，3，5，

如果你被这道题难住了，给你一个提示：试着加一下。

这个著名的数列是在800年前由意大利比萨的斐波那契发现的，所以也叫斐波那契数列。这个数列存在于很多令人惊奇的地方。

大自然的数字

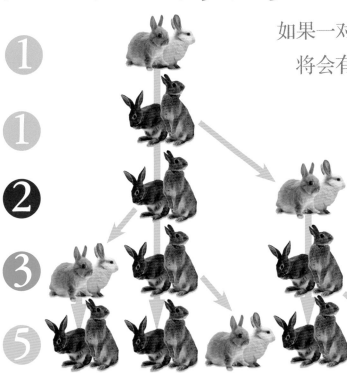

① ① ② ③ ⑤

如果一对兔子繁殖一年，
将会有多少对兔子？

像兔子一样繁殖

斐波那契曾思考过一个关于兔子的谜题。假设如下：一开始有两只小兔子，一个月长成后开始繁殖。雌兔子交配后一个月产下幼仔，每窝产两个。假如兔子都不死，那么一年后将会有几对兔子？答案是斐波那契数列中第13个数：233。

数一数花瓣

很多花的花瓣数就是斐波那契数列中的数。举例来说，紫菀的花瓣一般有34瓣、55瓣或89瓣。

8, 13, 21, 34, 55, 89 ……

数一数螺旋

斐波那契数列在头状花序中很常见。如果你仔细观察下图的金光菊，就会发现上面小小的管状花是按顺时针或逆时针的螺旋顺序排列的。但是在两个方向上，螺旋的数量都是斐波那契数字。在这幅图中，正好有21个顺时针螺旋和34个逆时针螺旋。

顺时针螺旋

逆时针螺旋

为什么？

为什么斐波那契数列总是能在大自然的各个地方出现？在兔子的例子中，其实并不是这样。兔子实际上每一窝产仔多于两个，而且繁殖速度远远快于在斐波那契的经典谜题中的速度。但是斐波那契数列确实存在于各种植物当中。之所以会这样，是因为植物需要为种子、花瓣和叶子提供一种好的排列方式，使它们在有限的空间内尽可能地不出现大的缝隙或重叠。

常见问题解答

菜花和松果

并非只有鲜花包含着斐波那契螺旋。在松果上、菠萝的皮上、椰菜的小花瓣上，以及菜花上你都可以找到相同的图案。斐波那契数列同样也存在于叶子、树枝和植物的茎上。植物在生长的时候，常常是以一种绕圈的模式长出新的分枝。如果你从低处的分枝开始数，再数这一枝正上方的树枝，这样依次向上数下去，通常你会发现数出来的是一组斐波那契数列。

音乐中的数字

钢琴琴键上每一个八度音阶都是由13个键组成的：8个白键和5个黑键，而这些键也都被分成3个或2个一组。有趣的是，这几个数都是斐波那契数字。这又是斐波那契的一个惊人巧合。

斐波那契数列与数字"1.618034"有着密切的联系，而后者就是我们所知道的"Φ"。数学家和艺术家发现这个奇特的数字已经有几千年了，很久以来人们都认为这个数字具有魔力。

莱昂纳多·达·芬奇将"Φ"称为"黄金比例"，并将它应用到了绘画中。

黄金比例

黄金螺旋

如果你画出一个长为Φ宽为1的矩形，你就得到了一个艺术家所说的"黄金矩形"——你所能想到的最美丽的矩形。将这个矩形分割为一个正方形和一个小矩形（如图中的红线所示），那么这个小矩形同样也是一个黄金矩形。只要不断地将它分割下去，就会出现一个螺旋图案。这种"黄金螺旋"看上去与一种叫作鹦鹉螺的海洋生物的壳非常相似，但是事实上它们不完全相同。鹦鹉螺的壳上的螺旋每旋转半圈半径增加为原来的Φ倍，而黄金螺旋则是每1/4圈就会有这种变化。

黄金矩形可以产生出无限长的螺旋线

 黄金矩形

Φ到底是什么?

在纸上画出一条10厘米长的线段,然后在6.18厘米处做上标记。这样你就将这条线段分成了一长一短两部分。若用整条线段的长(10厘米)除以长线段的长(6.18厘米),结果等于1.618。同样,若用长线段的长(6.18厘米)除以短线段的长(3.82厘米),结果也是1.618。这就是"黄金比例",或者叫作"Φ"。

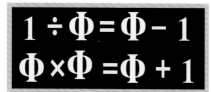

6.18厘米

10厘米

奇异的Φ

Φ具有奇特的属性。比如说,Φ的平方正好等于Φ加上1。如果你用斐波那契数列中的某个数字除以它前一个数字,你将会得到一个近似于Φ的比率。这个比率将随着数字的增大不断地趋近于Φ,但是永远也不会等于Φ。事实上,你无法将Φ用两个数的比率表示出来,所以数学家将它称为"无理数"。若是用十进制将Φ写出来,小数点后的位数将是无穷无尽的。

$$1 \div \Phi = \Phi - 1$$
$$\Phi \times \Phi = \Phi + 1$$

常见问题解答

Φ具有什么魔力?

古希腊人认为Φ具有魔力,因为它总是出现在那些他们认为很神圣的图形上。比如说,在五角星里,长线和短线长度的比率正好是Φ。

为什么艺术家们都使用Φ?

莱昂纳多·达·芬奇及其他很多欧洲中世纪的艺术家都非常痴迷于数学。他们认为包含有Φ的图形具有最美的视觉比例,所以他们常常把Φ应用于绘画当中。

与Φ有关的建筑

据说古希腊的建筑师们常常把Φ应用到建筑当中。很多人都认为雅典帕特农神庙的设计就是基于黄金矩形的。你觉得呢?

大数字

1000有3个0，100万有6个0，每增加3个0，数字就会获得一个新的英文名称。 →

thousand（10^3）
million（10^6）
billion（10^9）
trillion（10^{12}）
quadrillion（10^{15}）
quintillion（10^{18}）
sexillion（10^{21}）

海洋里有多少水滴？你的身体里有多少个原子？多少粒沙子能够填满宇宙？一些数字非常大以至我们无法想象，甚至无法将它们写下来。为了应付这些大家伙，数学家引入了一个新的概念："幂"。

什么是"幂"？

"幂"就是写在数字右上方且所占空间较小的数字，如右图所示：

$$4^2$$

它的意义是"4的2次方"

幂用来告诉你要将主数字自乘多少次。4^2表示将2个4乘一起：4×4，也就是16。同样，4^3就是$4 \times 4 \times 4$，也就是64。

疯狂的幂

幂非常实用，因为它可以将写起来很长的数字很简洁地表示出来。比如说9^{9^9}，也就是9的9次幂的9次幂，或者说$9^{387420489}$。如果把它展开写下来，将需要369000000个数字和一张800千米长的纸。

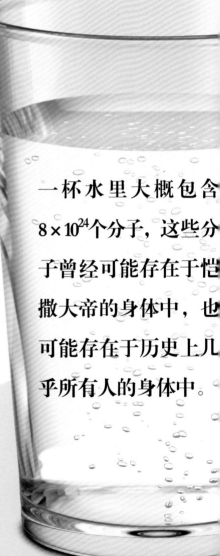

一杯水里大概包含8×10^{24}个分子，这些分子曾经可能存在于恺撒大帝的身体中，也可能存在于历史上几乎所有人的身体中。

1 GOOGOL = 10 000 000 000 000 000 000 000 000 000 000 000 000 000 000 0

septillion（10^{24}）　quattuordecillion（10^{45}）　unvigintillion（10^{66}）　octovigintillion（10^{87}）

octillion（10^{27}）　quindecillion（10^{48}）　duovigintillion（10^{69}）　novemvigintillion（10^{90}）

nonillion（10^{30}）　sexdecillion（10^{51}）　trevigintillion（10^{72}）　trigintillion（10^{93}）

decillion（10^{33}）　septdecillion（10^{54}）　quattuorvigintillion（10^{75}）　untrgintillion（10^{96}）

undecillion（10^{36}）　octodecillion（10^{57}）　quinvigintillion（10^{78}）　duotrigintillion（10^{99}）

duodecillion（10^{39}）　novemdecillion（10^{60}）　sexvigintillion（10^{81}）

tredecillion（10^{42}）　vigintillion（10^{63}）　seprvigintillion（10^{84}）　googol $\left(10^{100}\right)$

快速致富

想象一下，有一个国际象棋的棋盘，你把1便士放在第一个格子上，然后把2便士放在相邻的格子上，接着是4便士、8便士等，每回都加倍。这样当你把棋盘放满的时候，一共会有多少钱？我们可以利用幂来求解。棋盘总共有64个格子，也就是钱数翻了63番。所以最终的结果是2^{63}便士，约等于$9×10^{16}$英镑，比全世界所有的钱加在一起还多。

数沙子

古希腊数学家阿基米德曾经尝试计算多少粒沙子能够填满整个宇宙，答案是"很多"。为了算出结果，阿基米德发明了一种新的计数单位："万"（1万=10^4），它的作用同幂类似。

通过阿基米德的计算，需要10^{63}粒沙子才能填满整个宇宙。

趣味小知识

标准形式

为了保持数字表示的简洁，科学家在写较大的数字时常常用10的幂的形式——一种称为标准形式的系统。所以科学家就用$9×10^9$便士来代替9000000000。计算器在显示屏无法容纳如此多的数字的时候，大多采用标准形式。

Googol及无限

因特网搜索引擎谷歌的名字就是源于Googol——这个数字表示1后面有100个0。一位名叫爱德华·卡斯纳（Edward Kasner）的数学家为这个数字起了名字。他曾向自己9岁的外甥征求意见，得到的回答是"Googol"。卡斯纳的外甥同样创造了"Googolplex"，这是1后面有Googol个0的数字的官方名称。这个数字太大了，以至于它毫无现实的用途。即使每一位都写得比原子还小，整个宇宙也没有足够的空间写下这个数字。

0 000 000 000 000 000 000 000 000 000 000 000 000 000 000 000 000 000 000 000 000 000

无穷 无尽

你能想到的最大的数字是什么？不管你说出什么答案，总是可以再把它加上1得到更大的数字。然后你可以再加1、加1、加1……其实数字到底能有多大或多小并没有限制。数学家将数字这种能够无止境增加和减小的性质用"无穷"这个词来表示。

无穷的时间被称为永恒。

无穷的符号看起来就像一个放倒的"8"

"无穷"的距离到底有多远？假设你的速度能达到每小时100万英里，以此速度你不停地沿着直线跑10亿辈子，当你停下来的时候，你也不比在起点的时候更接近"无穷"。

类似于"无穷"和永恒的这些概念很难被人类的大脑所理解——它们太"大"了。要想描绘出永恒到底有多久，你可以想象一只蚂蚁绕着地球一圈一圈不停地爬。

不可思议的罐子

　　"无穷"的确非常怪异。想象一下，有一个罐子，里面有"无穷"的糖果，如果你从中拿出来一颗，那么还剩几颗?

　　正确的答案同样是：无穷。那如果拿出来10亿颗糖果呢？结果依然是有"无穷"的糖果在里面，也就是这个数字还是没有改变。事实上，即使你从中拿出来一半的糖果，罐子里剩下的数量还是没有改变。

　　数学家用符号"∞"表示"无穷"，我们可以通过下列算式计算这个奇特罐子里的糖果数量：

$$\infty - 1 = \infty$$
$$\infty + 1 = \infty$$
$$\infty - 1000000000 = \infty$$
$$\infty \div 2 = \infty$$
$$\infty \times \infty = \infty$$

　　但是"无穷"并不能算作一个真正的数字——它只是一种概念而已。这就是为什么关于"无穷"的计算并不是总有意义。

趣味小知识

希尔伯特旅馆

　　数学家大卫·希尔伯特曾经虚构出一个假想的旅馆来解释"无穷"的意义。假设这个旅馆有无穷个房间并且已经客满，这时来了一个顾客要一间房。旅馆的主人考虑了一下之后，就让所有的住户搬到比他们所在房间号大1的房间里去。1号房间里人去2号房间，2号房间的去3号房间，以此类推。最后就能剩下一个房间给新来的顾客。第二天，一辆无限长的马车又载来了"无穷"多的顾客。这回把旅馆的主人给难住了，但是他苦苦思索之后，终于又一次想出了办法。他让所有住户把自己的房间号乘以2，然后搬到新号码的房间去。于是老住户们都搬到了偶数号码的房间，空出来了"无穷"多的奇数号码的房间。

更大的"无穷"

　　有一种听上去非常奇怪的说法：存在着各种不同种类的"无穷"，并且有一些要比另一些大。诸如那些你能数的事物，比如整数（1，2，3……），形成一个可数的"无穷"。但是在整数之间存在着无限多类似"Φ""π"的奇特的数字，这些数字都有"无穷"的数位。这些"无理数"形成了一个不可数的"无穷"，而据专家说，后一种"无穷"比前一种要大"无穷"多。于是，"无穷"大于"无穷"！

　　假设它每一百万年才走一步，但等到蚂蚁用脚将地球踩成像豌豆一样大小的时候，永恒还没有开始呢！

质数

嫌疑犯

质数就是除了1和它本身外，无法再分成两个整数相乘形式的整数。

比如23就是一个质数，因为除了1和23之外，没有哪个整数能够将它整除。但22就不是，它可以分成11×2。一些数学家将质数称为构成数学大厦的砖块，你可以通过质数相乘得到其他所有的整数。下面有几个例子：

$$55 = 5 \times 11$$
$$75 = 3 \times 5 \times 5$$
$$39 = 3 \times 13$$
$$221 = 13 \times 17$$

31是质数
331是质数
3331是质数
33331是质数
333331是质数
3333331是质数
33333331是质数
那么**333333331**呢？

它不再是质数了。因为：

$$17 \times 19607843 = 333333331$$

这就是要告诉我们，永远不要相信表面现象，因为它只是看上去很像而已。数学家永远都需要证据。

未解之谜

质数之谜是指质数随机出现在数字当中，没有任何规律。很久以来数学家们一直在寻找质数出现的规律，但不幸的是至今也未找到。缺少规律意味着质数只能通过一个一个的试验来寻找。

搜寻质数

	2	3	4	5	6	7	8	9	10
11	12	13	14	15	16	17	18	19	20
21	22	23	24	25	26	27	28	29	30
31	32	33	34	35	36	37	38	39	40
41	42	43	44	45	46	47	48	49	50
51	52	53	54	55	56	57	58	59	60
61	62	63	64	65	66	67	68	69	70
71	72	73	74	75	76	77	78	79	80
81	82	83	84	85	86	87	88	89	90
91	92	93	94	95	96	97	98	99	100

通过筛选法可以很容易地找到小的质数。只需将前100个数写在格子里，不要写1（1不是质数）。划掉2的倍数，留下2。然后划掉3的倍数，也留下3。这时可以发现，4和4的倍数都已经被划掉，所以接着划掉5的倍数，然后是7。格子里所有剩下的数字（上图中黄色格子里的数字）都是质数。

2 3 5 7 11 13 17 19 23

73939133 是一个奇特的质数。你可以从它的末位开始去掉任意几位，它仍然是个质数。这是目前发现的具有此性质的最大的质数。

寻找最大的质数

筛选法对于寻找小的质数很方便，但是对于大的质数呢？523367890103是不是一个质数？唯一的办法就是去确认除了1和它本身，能否再被其他数整除，但是这将耗费大量的时间。尽管如此，数学家还是找到了一些大得令人吃惊的质数。目前所知道的最大的质数超过1740万位。如果用手把它写下来，长度将达到103千米。

150000 美元

悬赏

150000美元悬赏第一个找到超过1亿位质数的人。

现在所知最大的质数可以填满整整28本书。

如果你想要搜寻最大的质数，你所需做的只是从网络上下载一个程序，剩下的就交给你的计算机来完成。全世界有万人正在做这件事。第一个找到超过1亿位的数的人将会得150000美元的奖金。

密码

将几个质数相乘非常简单，但是反过来呢——将一个数分解成质因数相乘的形式是不是很难呢？对于非常大的数字这几乎是不可能的。因此也就使得质数在设定密码方面相当适合。当你在因特网上消费的时候，交易的细节都是通过这种方式隐藏起来的。代码的"锁"是非常大的数字，而"钥匙"则是由它的质因数组成。

有奖竞猜

利用质数做出的密码非常可靠，甚至美国的一家公司曾经为那些能够破解他们密码的人准备了一笔奖金。你能找到两个质数，使它们相乘的结果等于下面这个数字吗？

3107418240490043721350750035888567930037346022842727545720161948823206440518081504556346821286782437916272838033415471073108501919548529007337724822783525742386454014691736602477652346609

质数时间

很多昆虫利用质数来保护自己。比如蝉就花上整整13年或者17年的时间作为幼虫藏在地下，靠吸食树根的汁液生存。然后它们蜂拥而出，长成成虫进行交配。由于13和17都是质数，它们不能被更小的数整除。所以，那些生命周期为2年或者3年的寄生虫和蝉的天敌，几乎不可能同时在蝉繁殖的时候大批地出现。

9 31 37 41 43

π

画一个圆，量出周长和直径，用大的数字除以小的数字，结果等于几？答案是3多一点儿，或者更精确一点儿，π。这个不起眼的π正是那些不寻常的数字当中的一员。

周长

直径

π是什么？

简单地说，π等于圆的周长除以圆的直径。不管圆有多大，对所有的圆总能算出来相同的结果。你可以用一根细线来验证一下。用这根线去测量一下茶杯、水桶、盘子等圆形物体的周长，然后用它们的直径去除周长。

圆周率用
希腊字母
π来表示

无理数

π有一个奇特的性质，就是我们不可能把它精确地计算出来。没有一种简单的比率，比如22÷7，能够和π完全相等。所以我们把π称为"无理数"。如果你想把π完整地写出来（这是不可能的），小数点后的位数将会是无穷无尽的。

3.141592

找寻π的历史

公元前
2000年

古埃及人计算出π等于$16^2/9^2$，也就是256/81或者3.16。这已经很不错了，但是只能精确到小数点后1位。

公元前
250年

古希腊哲学家阿基米德围绕圆圈画了一个96边形，并以此计算出π在220/70和223/71之间——精确到了小数点后3位。

16世纪

德国的鲁道夫·范·柯伊伦将π计算到了小数点后35位。但是在这个数字发表之前他已经去世了，所以就将这个数字刻在了他的墓碑上。

π经常出现在不可思议的地方。想象一下：一条蜿蜒起伏穿越平原流向大海的河流，就像亚马孙河或者密西西比河。如果你丈量一下它的长度，然后除以河流从源头到入海口的直线距离，答案将会很接近 π，尽管在整条河上我们看不到圆。

在π的小数部分里，你可以找到世界上任何一个电话号码。

永远的永远

　　π不仅有无穷的长度，而且它的小数点后每一位都是随机的，没有任何形式的数学模型可以找到它的规律。这就意味着世界上所有的电话号码都能够包含在π的数字串上。如果你将这些数字转换成字母的话，你将在π里面找到所有已经写成和将要写成的书籍。

常见问题解答

π的用途

　　对于科学家、工程师和设计师来说，π具有非常重要的作用。任何圆形的物品（如一听大豆罐头）和沿着圆周运动的东西（如轮子或者行星）都与π有关系。没有π，人们无法制造汽车，无法理解行星的运动，也算不出一听罐头究竟能装多少粒烤豆子。

你知道吗？

　　1897年，美国的印第安纳州试图通过一项法案，此法案规定将π确定为3.2。他们希望世界上的每一个人都使用他们规定的π值，这样该州就可获得数百万美元的专利费。但是在法案即将通过之时，一位数学家指出这么做毫无意义，于是州议会放弃了这个法案。

535897923846264338327950288419716939

1706年 英国天文学家梅钦发现了一个关于π的复杂的方程式，并通过此方程式把π精确到了小数点后100位。

1873年 英国数学家尚克斯用了15年时间将π算到了小数点后707位，但是他在计算第528位的时候犯了一个错误，结果导致其后的数字全都错了。可惜呀！

2004年 日本东京的金田安正利用计算机将π精确到了小数点后1.24×10^{12}位。

魔法数字

平方数和

当你把一个数与它本身相乘的时候，你就会得到一个"平方数"。我们之所以将其称为平方数，是因为可以用与平方数的数字个数相同的物体摆成正方形的形状。平方数也是数学中最重要的数字类型之一。

神奇的"1"

把只用"1"组成的数字（如11、111）进行平方运算，你可以使所有的数字都出现在结果当中。更神奇的是，这些平方得到的数字顺读和逆读都是一样的（这种数叫作回文数）。下面数字中右上角的小"2"意思是"自乘"，也叫作"平方"。

$$1^2 = 1$$
$$11^2 = 121$$
$$111^2 = 12321$$
$$1111^2 = 1234321$$
$$11111^2 = 123454321$$
$$111111^2 = 12345654321$$
$$1111111^2 = 1234567654321$$

你觉得这种规律能够无限延续吗？

逃跑的囚徒

50个囚徒被锁在地下监狱里面。当晚上熄灯的时候，监狱守卫要例行检查牢房。第一个守卫不知道牢房都已经锁上了，将每一个牢房的锁都用钥匙拧了一下（也就是打开了）；过了一会儿，第二个守卫将牢房号为2的倍数（如2、4、6、8等）的牢房的锁又用钥匙拧了一下；第三个守卫也一样，将牢房号为3的倍数（如3、6、9、12等）的牢房的锁又用钥匙拧了一下；第四个守卫将牢房号为4的倍数（如4、8、12、16等）的牢房的锁又用钥匙拧了一下。依此类推，等到50个守卫全都检查一遍之后，守卫们就去睡觉了。这时候，哪些牢房的囚徒将会逃出去？

答案见92页

奇怪的现象

前十个平方数是1、4、9、16、25、36、49、64、81和100。看一看这个数列中每相邻的两个数的差是多少，将你的答案写成一行。你能找到其中的规律吗？右边的图表将帮你找到这个规律。

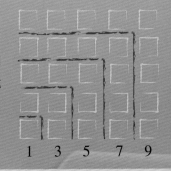

1　3　5　7　9

下一个是什么？ 1，4，9，16，25······

三角数

找一些台球，并将它们摆成三角形。令每一个三角形都比上一个多一行，然后数一数每个三角形里有多少个台球。你将会得到一个新的特殊数列：三角数。

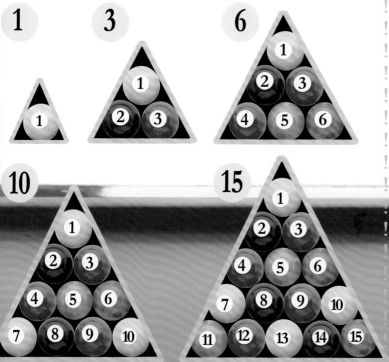

方块来自三角

三角数充满着有趣的规律。比如：如果你把相邻的两个三角数相加，结果总是得到平方数。不信可以试一下。数学家可以运用代数学证明这个规律，不过我们还有一个更简单的方法，看看下图你就明白了。

巧用三角数之和

有一个关于三角数的奇特的性质，就是你可以用不超过3个三角数相加得到任意一个整数。比如51就是15+36。试一试能否找到相加后等于你年龄的三角数。这个规律是恒成立的，因为在200年前，伟大的数学家卡尔·高斯已经做出了证明。

天分还是勤奋？

卡尔·高斯（1777—1855）是一个数学天才。在他上小学的时候，他的老师为了使教室安静下来，就给他们出了一道数学题，求把1到100之间所有整数相加的结果。高斯很快地站起来说出了正确答案：5050。高斯是怎么做到的？

与其他天才一样，他找到了捷径。高斯先将第一个和最后一个数字加起来（1+100）得到101，然后再把第二个和倒数第二个数字加起来（2+99）得到相同的结果：101。他意识到可以这样做50次，所以结果就是50×101。

你知道吗？

三角数绝对不会以2、4、7或9结尾。如果有n个人相互握手，每个人都保证和其他人握一次手，那么握手的总次数就是第n−1个三角数。

下一个是什么？ 1, 3, 6, 10, 15……

帕斯卡

三角

一种发现数字规律的好方法就是做一个"帕斯卡三角"（在中国称为"杨辉三角"，它曾出现在公元1261年宋朝数学家杨辉所著《详解九章算法》一书中。）——一个通过数字相加组成的金字塔。在这个三角形里面，每一个数字都是它上面两个数字的和。三角形以顶部的一个1开始，下一层是两个1。再用这两个1加出一个2，然后你可以一直写下去。

帕斯卡三角的用途

你可以利用帕斯卡三角来计算有多少种组合方式。比如你要买一激凌，总共有5种口味供你选择么一共有多少种可能的组合方从顶上往下数5行（顶行当1行）得到答案：一种口味要的方式有1种，选一味的方式有5种，选两味的方式有10种，选口味的方式有10选四种口味的有5种，五种全选的方1种。

```
                    1
                  1   1
                1   2   1
              1   3   3   1
            1   4   6   4   1
          1   5  10  10   5   1
        1   6  15  20  15   6   1
      1   7  21  35  35  21   7   1
    1   8  28  56  70  56  28   8   1
  1   9  36  84 126 126  84  36   9   1
1  10  45 120 210 252 210 120  45  10   1
1  11  55 165 330 462 462 330 165  55  11
```

至少在900年前，中国的数学家就懂得了帕斯卡三角

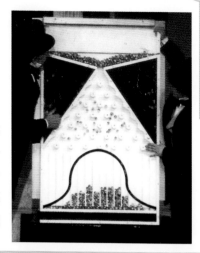

帕斯卡弹珠

帕斯卡三角与数学的两个重要分支——概率学和统计学有着紧密的联系。你可以从一种叫作高尔顿台的设备中看出原因。在这个台子里，上部有一个用钉子钉成的帕斯卡三角，弹珠从顶部倒入，穿过带有帕斯卡三角的弹珠台，落到台子底部的圆筒内。通过观察帕斯卡三角中的数字，我们能够很容易算出弹珠落入某个特定圆筒的概率。最终规律可以用一条曲线来表示，这种曲线叫作钟形曲线（正态曲线）——统计学里最重要的一种图形。

规律在哪里？

帕斯卡三角充满着各种令人着迷的数字规律。最明显的一个规律位于第二条斜线上——整数列。试一试在下图中找出这个规律。

第三条斜线上是什么数字序列？如果你将这条斜线上相邻的数字两两加起来，会得到什么数列？提示：请看第44页、45页。

把每一行的数字分别加起来，会得到什么数列？提示：请看37页的棋盘。

沿着箭头所指方向，将相同颜色的数字相加。你能认出得到的数列吗？提示：想一想向日葵和小白兔。

1 2 5 8 13 ? ?

答案：三角形数列

答案：2的幂数列

答案：斐波那契数列

A到B之路

这里有一个可以用帕斯卡三角求解的问题：假如你是一个出租车司机，要从右图中的A地点到达B地点。有多少种可能的路径？先数出从A到较近路口的路径数，将路径数标在相应路口上，再逐渐向远数，一直数到B。你会发现什么规律？（答案见92页）

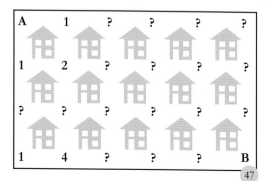

A	1	?	?	?	?
1	2	?	?	?	?
?	?	?	?	?	?
1	4	?	?	?	B

数字魔术

这些令人难以置信的小魔术会

错错得对

　　拿出一副扑克牌，把整副牌扣着放置，当没有人注意的时候，偷偷地瞄一眼扑克最上面的一张牌（假设它是红心10）。先告诉大家你可以通过轻抚这些牌来记住它们，轻抚一下牌然后交给你的朋友。让你的朋友随便说出一个1到10之间的数字（比如5），让他从牌的上面按顺序一张一张地拿出5张，并依次扣在一边（这样，在这5张牌中，刚才位于最上面的红心10现在就在最下面了）。这时你告诉大家你手里的下一张牌是红心10，并把这张牌翻开，显然不是，你可以装出很失望的样子，然后在不打乱那5张牌顺序（红心10位于第5的顺序）的前提下，让朋友把它们扣着放回你手中扑克牌的最上面。你再让朋友随便想一个10到20之间的数字，用这第2个数字再重复刚才的操作，你仍旧猜红心10，当然还是猜不准，再一次装作失望。最后，让你的朋友用第2个数字减去第1个数字，你用这两数之差再操作一遍，这回你再猜红心10就准没错了！

神奇的魔术计算器

　　给你的朋友一台计算器并让他随便输入一个3位数两遍，这时你得到一个6位数。告诉你的朋友，用7去除一个数的时候能够整除的机会只有1/7，然后让他试一下用这个6位数除以7，有余数吗？没有！太幸运了！这时让他们试一试用刚才得到的数字除以11，有余数吗？也没有！令人吃惊！再用得到的数除以13，有余数吗？还是没有！令人震惊！这些做完之后，看看还剩什么？居然是最初的那个3位数！为什么会这样？

难以置信的1089魔术

　　首先做好一些准备，找到一本书的第10页第8行第9列的字。将这个字写在一张小纸条上，把小纸条封到信封里，然后把信封放在书下面的桌子上。现在开始变魔术。让你的一个朋友随便想一个首尾不同的3位数，然后将这个数字反过来，用大的一个减去小的那一个。例如863-368 = 495 。再将得到的数字反过来后与原数字相加：495+594=1089。现在让你的朋友用所得数字的前两位作为书的页数，第三位作为行数，最后一位作为列数从你准备好的书上找到一个字，让他把这个字大声读出来。最后让你的朋友打开信封。这个魔术的原理就是结果总是1089！

利用计算器

● 给你的朋友一台计算器，让他输入他出生的月份，然后对这个数字作以下步骤：

● 乘以4

● 加上13

● 乘以25

● 减去200

● 生日是那个月的几号就加上几

小窍门

让你的家人和朋友大吃一惊！

"6"的秘密

这是一个能让你永远获胜的游戏。让你的朋友在1~5中随便选一个数字，接着你也从中选一个，把两个数相加。你们两个继续轮流在1~5中挑数字并不断加在结果上，谁先加到50谁获胜。现在告诉你怎样才能保持不败！首先，每次必须让你的朋友先选数字。然后当第一次轮到你的时候，你选的数字应该使你们俩所选数字之和等于2或8。也就是说，如果你的朋友以3开始，你就选5（两数之和为8）。第二轮时不论他选什么，你都挑能使你们俩第一轮所选数字之和增加6的数。以此类推，接下来你选的数要保证你和你朋友所选的两个数之和为6，也就是能使相加结果增加6的数。这样你们所选数字的和应为：2，8，14，20，26，32，38，44。用这种方法，你肯定能先加到50！

魔法多米诺骨牌

让你的朋友从一副多米诺骨牌中随机选择一张，不要告诉你上面的数字。牌上有两个数字，让他把其中一个数字乘以5，加上7，再乘以2，然后加上另一个数字。让他告诉你最后的结果，你就能算出是哪张牌了。很简单，只要将结果减去14就能得到一个两位数，每一位分别等于牌上的一个数。

的魔法猜生日

- 乘以2
- 减去40
- 乘以50
- 加上出生年份的后两位
- 减去10500

看一下计算器然后告诉他的生日。计算结果的前一位或两位代表月份，接下来的两位代表几号，最后两位表示年份。

魔法配对

在这个魔术里，你可以让一个观众来洗一副扑克牌，而洗完之后这些牌都奇迹般地排成了对子（一红一黑为一对）。首先你要偷偷做一些准备，将扑克排成红黑交错的顺序。现在你可以开始了。让一位志愿者切牌，然后做一次"弹洗"——用大拇指将两垛牌洗到一起。不论他洗得多么差都无所谓，你将牌收回并简要地向观众展示一下——他们会无目的地看看。现在告诉他们你将在扑克牌的"魔法点"切牌。找到颜色相同的两张牌，将牌从这两张中间分开，把下面的部分放到上面来。现在魔法显灵了！将牌成对地发给观众并让他们把牌翻过来，他们会发现每一对都由红黑两张牌组成。这个魔术你将屡试不爽，你知道为什么吗？

百变图形

"数学并不仅仅是关于数字的学问——数学比数字博大精深得多。

　　古希腊人不太擅长运用数字，但在数学上却有辉煌的成就，这是因为他们精通于图形。他们使用线条和角作图，这些图形可以帮助他们更好地理解世界。

　　古希腊人发明了几何学，这是一门关于空间和图形的数学。在我们生活中，从圆珠笔到大型客机的制造和设计，都得益于数学中的这个领域。

　　所以，不论你是艺术家还是科学家，本章的几何学都将把你带到奇幻的数学图形世界中。"

三条边

由直线组成的图形称为多边形。最简单的多边形是三角形，它是由三条相互连接成三个角的直线组成的。三角形是其他所有多边形的基础。

合适的材料

数学家们最喜爱的是那些有一个L拐角的三角形：直角三角形。

古埃及人曾经利用直角三角形制作方角来规整田地和建筑。他们知道如何使用一个有12个等距节点的绳圈来制作直角。事实上，只要你将绳圈撑成一个分别有3个、4个、5个节点的三条边就能做到了。

三角形可以完整地覆盖平坦物体的表面而不留下一丝缝隙。

古希腊人对直角三角形也很有研究。一位名叫毕达哥拉斯的人发现直角三角形的一些特殊规律：如果你在直角三角形的每条边上做一个正方形，那么两个小正方形的面积之和正好等于大正方形的面积。不仅仅是正方形，其他图形也都满足这个规律，如图中最长边上的大象占的面积，等于另两边的大象所占面积的总和。

无论什么形状的三角形，它的三个内角之和永远是180度。有一个巧妙的方法可以说明这一点。

结果怎么样？

毕达哥拉斯的发现成为永恒的数学公理。毕达哥拉斯对此显然也相当高兴——据说他曾经献祭了一头公牛来庆祝这个发现。

1 用直尺在一张纸上画一个大三角形，然后把它剪下来。

2 把三个角撕下来……

3 ……然后把它们像这样拼在一起。

它们总是会组成一条直线，也就说明三个内角之和为180度。

180°

的图形

不等边三角形　等腰三角形　等边三角形　钝角三角形　直角三角形

　　任何由直线组成的图形都可以被分成三角形。同理，你可以用三角形拼出无数其他不同形状的图形。在中国，人们利用这个规律发明了一种叫作七巧板的玩具。100多年前，这个玩具流传到了欧美地区，并在那里的孩子当中掀起了一股热潮。

依据边长和角度的相互关系，三角形具有不同的名称。三条边相等的三角形叫作等边三角形；三条边都不相等的三角形叫作不等边三角形；如果只有两条边相等，就是等腰三角形。如果三角形的一个角是直角，那么它就是直角三角形；有一个角大于90度的三角形就叫作钝角三角形。

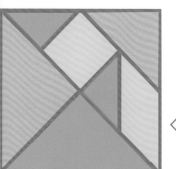

利用左边正方形里仅有的7块七巧板，你就能够拼出数百种不同的图形。

简单而坚固

　　在所有简单图形里，三角形是最坚固的，因为同正方形和矩形不同，三角形的角度不会因为外力而改变。这就是为什么我们能在桥梁、建筑和巴黎埃菲尔铁塔的钢架上见到很多三角形的原因。

高度

角度

距离

如何在不攀到树顶的情况下测量树的高度？

　　答案：使用直角三角形。只要你知道了一个锐角的度数和一条直角边的长度，就可以算出树的高度。这个数学分支叫作三角学。

四条边的图形

不同的类型

正方形和矩形是最常见的四边形，但除此之外还有很多。下面是四边形的6种主要类型：

正方形

矩形

菱形

平行四边形

梯形

盾形

窗户、围墙、门、这本书的书页及其他许多类似的人造物有什么共同之处？它们都是矩形。因为矩形和其他四边形制作简单并且容易紧凑地摆放在一起，所以它们随处可见。放下书本看看周围——你能看到多少个四边形？

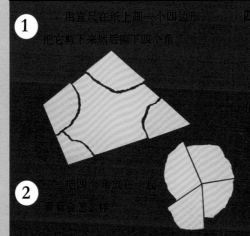

① 用直尺在纸上画一个四边形，把它剪下来然后撕下四个角。

② 把四个角放在一起看看会怎样。

四角之和

四边形的四个角总是能整齐地拼在一起，说明四个角角度之和必然是360度（完整的一周）。在上一页中我们曾经介绍过，三角形的三个内角之和是180度，也就是说一个四边形是由两个三角形拼成的。

①

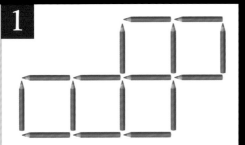

将16支铅笔摆放成上面的图案。想一想如何只移动其中的两支，把原来的5个正方形变成4个？不能拿走铅笔，也不能留下不完整的图形。

②

正方形房子的主人想把房子的面积扩大为原来的两倍，而且保持房子形状不变。在房子的四个角附近各有一棵大树，房主无法移走它们。同时他也不想新建楼层或者地下室，那么他应该怎么做？

树

小测试

54

答案见92页

……叫作四边形

整齐的图形

能够像瓷砖一样铺在一起而没有缝隙的图形我们称为"棋盘化"的图形。下图表明只要是全等的四边形，不论什么形状，总是能够棋盘化。三角形和六边形也可以棋盘化，但是其他图形则不一定。这是为什么呢? 问题的根源在于图形的角。如果某个图形的所有角拼在一起能组成完整的一圈（360度）或者半圈（180度），那么它就可以棋盘化。

动手做一做

你可以自己动手来证明四边形总是能够棋盘化，下面教你怎么做。用直尺在大约有12张的一摞报纸上画任意一个四边形，然后把12张报纸上的图形一次都剪下来（如有困难可以请大人帮忙）。用这些剪下来的图形拼一个瓷砖的图案。一开始可能你会无从下手，这里有个小提示：先把相同的边拼在一起，不过相邻的图形应该反向拼放。

3 你能算出下图中对角线的长度吗?

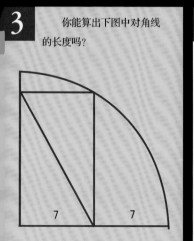

7   7

4 下面的正方形被分成了四个全等的部分，它右边的L形图形也被分成了四个全等的部分。你能把一个正方形分解为五个全等的部分（图形不限）吗?

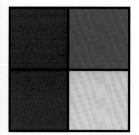

5 一架飞机从A地到B地要飞行140千米，但是现在遇到了每小时50千米的东北风。考虑到风速的影响，飞行员沿着AC方向前进，C地距A地100千米。如果他以每小时200千米的速度朝C地飞行，那么他什么时候到达B地?

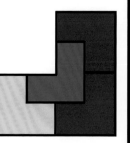
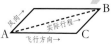

多边的图形

具有多于四条边的多边形依据边数的不同而有不同的希腊名称。具有五条边的五边形和六条边的六边形是最常见的多边形。具有更多条边的图形比较少见，并且名字也很特别，比如"11边形"（11-gon）和"13边形"（13-gon）。

五边形　　六边形　　八边形　　九边形　　十边形　　十一边形　　十二边形　　十三边形

随着边数的增加，等边多边形就会越来越像圆形。所以，我们可以用一个有无数条边的等边多边形来描述圆。

大自然中的五边形

虽然五边形很少见，但它们仍存在于大自然中。把一个苹果横着从中间切为两半，看看它的核——五个种子排列成一圈。有些海星和海胆的形状就很像五角星。

五边形能够棋盘化吗？

五边形不可能填满一个平面而不漏出任何缝隙，因为它的内角和不是360度。尽管如此，你可以用六边形和五边形混合起来拼出一个三维曲面。看一看足球，你就会明白它们是怎么拼起来的。

多边形内角的计算方法

有一种巧妙的方法来计算多边形的内角。下图以五边形为例，不过这个方法也适合于任意多边形。首先考虑五边形的外角（a角）。想象一下，如果将五条向中心集中到一点时，很明显五个外角将组成完整的一圈，也就是360度。也就意味着每一个外角都是360度的1/5，72度。现在对于内角（b角），从第一幅图可以看出a和b组成半圈，也就是180度。由于$a=72$度，所以b应为108度。

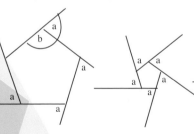

要想制作一个五边形，你可以先剪出一条大约3厘米宽的纸条，并将它打成一个结。慢慢地将这个结拉紧压平，它就会变成一个五边形。当你在光线下看它的时候，你还会看到一个五角星（五角星形）。

❶ 　❷　❸

奇妙的雪花

自然界中，六边形多得超乎你的想象。雪花是由六边形的冰晶变成的，所以即使雪花间的形状略有不同，但每一片雪花也都是六角形的。蜜蜂把蜂蜜储存一种叫作蜂房的六边形的小格子里。昆虫的眼睛都是由六边形的晶状体构成的。在世界的某些地方，比如北爱尔兰的"巨人之路"（Giant's Causeway），你甚至可以看到六边形的岩石。

合为一体

六边形在自然界中普遍存在的一个主要原因就是，当圆形的物体结合在一起的时候，它们会很自然地形成六边形。找一些同样大小的硬币，将它们尽可能紧地摆在一起，你会发现它们像蜂巢中的蜂房一样组成了六边形的圆环。

动手做一做

做一个拐折六边形

拐折六边形是一种很有趣的纸制玩具，它具有6条边，6个角，6个面和6种颜色。你每折叠一下，它的颜色就变化一次。经过一些练习，你就可以将6种颜色都折叠出来。在本书第95页可以学到怎么做一个拐折六边形。

自然界中的六边形

魔镜

在一张白纸上画一条横穿白纸且又粗又黑的长线，将白纸水平放置，在白纸上立两面小镜子，使两个镜面都与纸面垂直。若两镜面间的夹角为直角，则你会在镜子里看到一个由四条线组成的正方形。如果改变两镜面间夹角，你还会看到三角形、五边形、六边形及其他更多的多边形！

第三维

正四面体　　立方体

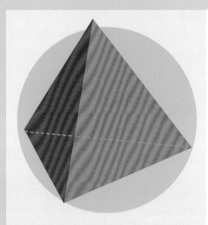

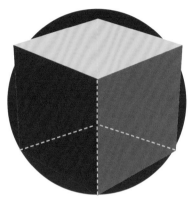

欧拉规则

历史上杰出的数学家当中有一个叫作伦哈特·欧拉的瑞士人。他一生共有75部著作，其中一大半都是在他失明后——生命的最后17年里完成的。他最著名的一个发现就与柏拉图体有关。

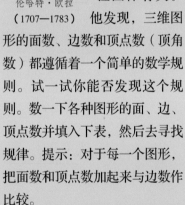

伦哈特·欧拉
（1707—1783）他发现，三维图形的面数、边数和顶点数（顶角数）都遵循着一个简单的数学规则。试一试你能否发现这个规则。数一下各种图形的面、边、顶点数并填入下表，然后去寻找规律。提示：对于每一个图形，把面数和顶点数加起来与边数作比较。

	面数	边数	顶点数
立方体	6	12	8
正四面体	?	?	?
正八面体	?	?	?
正十二面体	12	30	20
正二十面体	?	30	12

● 正四面体是由4个等边三角形组成的。

● 正四面体不同于著名的埃及金字塔。正四面体的底面是正三角形，而埃及金字塔的底面是正方形。

● 古希腊人认为所有的东西都是由四种元素组成的，它们是：土、气、火和水。在柏拉图体中，由于正四面体具有最尖锐的顶角，所以古希腊人认为火是由正四面体型的原子构成的。

● 由于正四面体是由三角形组成的，所以它非常坚固。钻石——我们所知的最坚硬的物质，它之所以坚固，就是因为它的原子是按照正四面体的构造排列的。

● 立方体是由相互垂直的6个正方形构成的。

● 与其他形状的物体相比，立方体更容易摆在一起。堆积立方体的方式有无数种，并且堆积的立方体之间不会有缝隙。

● 因为立方体堆在一起的时候非常坚固，古希腊人就选择立方体代表土元素。他们认为岩石就是由立方体型的原子构成的。

● 一些晶体，包括我们常吃的食盐，由于它们的原子是以立方体的结构排列的，所以它们的天然形状就是立方体状。

● 四维的立方体称为"超级立方体"。在我们的宇宙中，"超级立方体"是不存在的，不过数学家知道它有32条边、16个顶角和24个面。

古希腊人认为整个宇宙的形状是

在二维平面里，存在无穷多的正多边形。但是如果你想在三维空间里做出一个完全正规的图形，使它具有相等的边、相等的角和相同的面，这时候会怎样？古希腊人发现只存在五种这样的图形，它们被称为"柏拉图体"。他们认为这些完美的图形就是那些我们无法看到的构成宇宙的"积木"。

正八面体	正十二面体	正二十面体

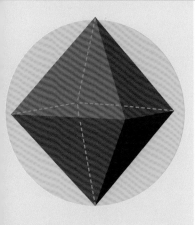

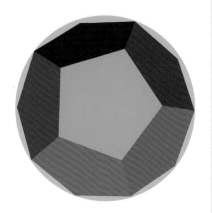

● 正八面体是由8个等边三角形组成的，就像两座底面相对的金字塔。

● 正八面体和正四面体、立方体一样，都可以无缝隙地充满一个空间。

● 古希腊人看到正八面体的形状介于正四面体（火）和立方体（土）之间，所以决定用它来代表气元素。

● 正八面体和立方体是"对偶图形"。如果把一个正八面体的顶角都去掉，就会得到一个立方体（反之亦然）。如果将两个图形交叉，它们的顶点都会从对方的面的中心穿出来。

● 正十二面体是由12个正五边形组成的。

● 由于古希腊人只需要四种图形来支持关于元素的理论，所以正十二面体成了多余的图形。但是为了将它利用起来，他们决定用正十二面体代表宇宙的形状，它的十二个面正好对应黄道十二宫。

● 如同正八面体和立方体一样，正十二面体和正二十面体也是对偶图形。如果把正十二面体的顶角都去掉，你就会得到正二十面体（反之亦然）。

● 正二十面体是由20个等边三角形组成的。

● 对古希腊人来说，这个图形代表水元素。这也许是因为它看起来很容易滚动吧，就像流动的水一样。

● 正二十面体与大自然之间有着许多惊人的联系。一些病毒（包括水痘）和海洋微生物的身体形状都是以正二十面体为基础的。

● 如果你将一个正二十面体和一个正十二面体交叉起来，它们的顶点都会从对方的面的中心穿出来。

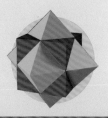

正十二面体。

足球与布基球

　　如果去掉正二十面体的所有顶角，就会得到一个和足球形状类似的，由20个六边形和12个五边形组成的图形。这个图形叫作"截去尖端的正二十面体"（足球也有12个五边形，不过其他嵌套的部分在形状上和数量上是多种多样的）。1985年，三位科学家的发现震惊了世界，他们发现了一种同样具有这种结构的化学物质。它的每一个分子都是由60个碳原子通过排列成五边形和六边形组成的笼子。发现者将它命名为"布基球"并因此而获得了诺贝尔奖。

圆顶庇护所

　　截去尖端的正二十面体使人们有了设计超坚固建筑的想法，这种建筑就是网格球顶。网格球顶的框架是由排列成六边形和五边形的金属支架组成的。其中六边形的数量没有限制，但是在半个球面上只能有6个五边形。这些六边形和五边形被分割为内外交错的三角形。三角形使网格球顶异乎寻常的坚固。网格球顶能够抵抗地震、飓风，能够承受大量的积雪。在地球上环境最恶劣的南极就有一座网格球顶建筑。

动手做一做

　　用信封可以很容易做出来一个正四面体：

将信封封好，轻轻对折一下，留下轻微的折痕。

将一个顶角折向中线，并在相交的地方做一个记号。

垂直于中线，经过记号将信封剪开。然后用力在记号和两个顶角间折两条折痕，并且正反两面反复做几次。

将信封打开，封开口。

　　如果想做一个正二十面体，需要准备3块宽13厘米、长21厘米的硬纸板。在硬纸板的每个角上做出V字形刻痕。

在每一张纸板上，居中剪出一个13厘米长的开口。可以让大人帮忙。

将其中一张纸板的开口向一侧剪到头。

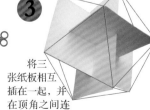

将三张纸板相互插在一起，并在顶角之间连上细线，你就能得到一个正二十面体。

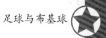

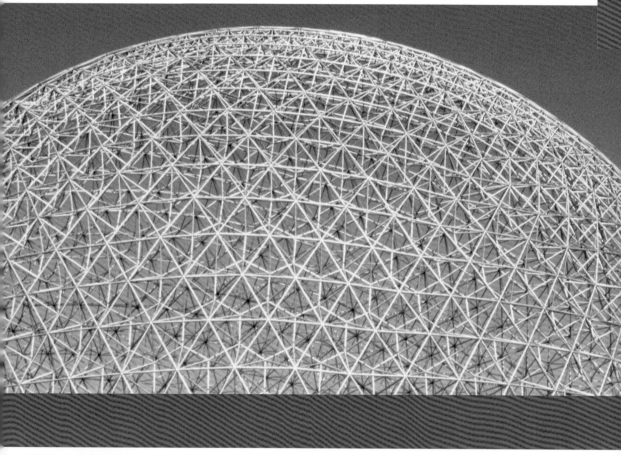

用信封可以很容易做出一个正十二面体：

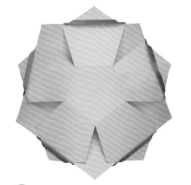

魔方

　　如果切割很多次，你就可以将一个立方体切成27个小立方体。想一想至少要切多少次才能将最中间的立方体切出来？答案在93页找。

① 　　将上面的图形放大两倍复印，然后剪下来。以它为模板将它画在一张硬纸板上，用直尺把线条加粗。接着从硬纸板上把图形剪下来，然后沿着中心的五边形折出折痕。重复上述步骤，再做一个相同的纸板。

② 　　分别将两个纸板边上的五边形向中间折，使整体变成碗状。将两个纸板对在一起，然后在角上套上橡皮筋。这样，正十二面体就做好了！

百变图形

旋转不息

谜题角

滚动的硬币

将两枚硬币紧挨着放在一起（如果有条件，可以用带有锯齿边的硬币）。猜一猜当左边的硬币沿着另一个硬币的边滚动到右边的时候（如下图所示），它上面的人头将朝向什么方向。试一试——你将会大吃一惊。

猎熊人

一位猎熊人离开他的营地向正南方向走了5千米。然后他转向左边，沿正东方向又走了5千米。这时他发现了一头熊，熊也发现了他并向他冲了过来。猎人再一次转向左侧并朝正北方跑了5千米，但他竟然跑回了营地。那么请问这头熊是什么颜色的？

今夜起飞

圣诞前夜，一位女士坐在机场的候机厅里痛哭。一位男士经过她身边看到她在哭，就问她："您怎么了？"她回答说："我把机票弄丢了，现在我没法回家过圣诞节了！"男士说："不要担心，我有自己的飞机，可以载你一程。我也正准备回家过圣诞，可以先送你回家，这并不会增加我的行程。""但是你并不知道我要去什么地方啊？"女士很惊讶。但这位男士说道："没关系！"那么请问男士要去什么地方？

试一试徒手来画一个圆。这需要很高的技巧。如果你能画出一个很不错的圆，那么你肯定在美术方面有过人之处。不过，画出一个完美的圆的好办法是使用圆规。不仅如此，圆规还可以帮助你做出很多神奇的设计和图画。

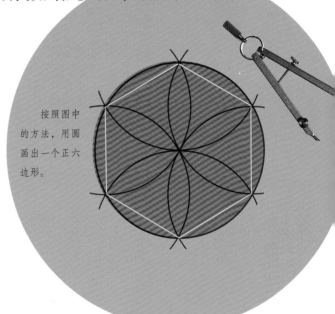

按照图中的方法，用圆规画出一个正六边形。

以圆画方

古希腊人非常喜欢圆形。他们发现，只要有一副圆规和一条直边（比如直尺），就可以利用圆形画出很多其他图形来，包括正六边形和正方形。现在教你怎么画正六边形。先用圆规画一个圆，固定圆规两脚间的距离（半径），在圆上任意找一个点，以这个点为圆心画一条曲线与圆相交。然后分别以交点为圆心再作曲线，又产生了新的交点。一直画下去直到画完一圈。这时候就可以用直尺将相邻的交点连起来了（如上图所示）。

π 的片断

古希腊人对 π 也同样着迷，π 等于圆的周长与直径间的比率，不可能被准确地测量出来。但是古希腊人有自己的一套好方法，他们把圆与其他图形相比较……

……下图是一个在正方形里的圆：

如果圆的直径为1，那么周长必然是 π。正方形由于每一边都是1，其周长就是4。所以可以看出，π 小于4。

这是一个在圆里面的六边形：

圆的直径依然是1，周长是 π。那么正六边形的周长呢？圆的半径是0.5，正六边形的边长也应该是0.5。这就意味着正六边形的周长等于3。圆周长比正六边形的周长大了一点点，也就是说比3稍大一点。

古希腊数学家阿基米德按这种方法一直做了下去，当他把六边形换成八边形、十边形的时候，就越来越接近了。当他画到96边形的时候停了下来，证明出介于223/71与220/70之间，之后他没有再继续做下去。

为数学牺牲

据说，阿基米德是被一个罗马士兵杀死的。当时他正在地上画圆，那个士兵命令他停下来，他却不理不睬，于是愤怒的士兵杀死了他。阿基米德最引以为荣的成就是发现了球体的体积和表面积公式，他是在研究木制球体模型的时候发现这些公式的。为了纪念这个发现，他要求在他的墓碑上刻上一个球体和一个圆柱体。

愿他安息

阿基米德先生
（公元前287—前212）

如果你是数学方面的小专家，请回答这个问题：在这两页书上，是蓝色环的面积大，还是中间的三个环（红色，粉色和白色）的面积和大？（提示：圆的面积是 πr^2）

古希腊另一位伟大的数学家是埃拉托色尼，他生活在公元前250年左右的埃及。当时人们大多认为大地是平面的，但是他利用圆的数学性质证明了地球是圆的，甚至测量出了它的周长！他是怎么做到的呢？

埃拉托色尼听说在埃及南部的西恩纳（今天的阿斯旺）地区，夏至正午时阳光可以直射到井里面。于是，在同一天，他测量了北部的亚历山大里亚的太阳角度，发现阳光照到地面时，光线与垂直方向呈7.2度角，只产生很小的阴影。埃拉托色尼意识到这是因为地球是曲面。由于太阳光是平行的，他同样意识到如果从地心向这两点连线的话，两条线的夹角应该正好是7.2度。这正好是圆周（360度）的1/50。所以他就用两地间的距离800千米（500英里）乘以50，得到地球的周长为40000千米（25000英里）。在将近2000年的时间里，这是对地球周长的最精确的估算。

圆锥与曲线

圆锥截线

古希腊数学家亚波隆尼亚斯发现，通过切割圆锥的方法可以很容易地做出一些重要的数学曲线。下面是四种最重要的曲线的圆锥截线做法。

如果你水平地切割圆锥，那么截面将是一个圆形。

以一定的夹角切割圆锥，可以得到一个卵圆形图案，就是椭圆。

如果平行于圆锥母线切割，得到的拱形曲线就是抛物线。

如果将两个圆锥顶对顶放置，沿竖直方向一起切割，将会得到一对曲线——双曲线。

当我们观察一个圆形的物体时，我们基本上都会认为它是椭圆形。

当你将一个球扔出去的时候，无论你将它扔多高多远，它总是沿着一条叫作抛物线的曲线飞行，并且最终总要落到地面上。抛物线仅仅是古希腊人发现的众多数学曲线中的一个，而他们在400年前就开始了这方面的探索。这些探索带来了历史上伟大的发现之一：宇宙中的所有物体彼此都通过一种神秘的力量相互吸引，这种力量就是万有引力。

什么是抛物线？

当一个足球、一只跃起的海豚、一挂瀑布，或者一枚炮弹在空中运动的时候，它们的运动轨迹是一条曲线。伟大的意大利科学家伽利略发现这种曲线是抛物线。他意识到炮弹沿着水平方向匀速飞行（不考虑空气阻力），但在垂直方向上一直受地心引力的影响，并具有一个加速度使它不断地下落。这样就使曲线不断地弯曲——成了抛物线。

为什么月亮不会

伽利略改变了世界，在他发现了抛物线规律之后，人们一下子都不再建造城墙了。这是因为士兵们第一次懂得了如何准确地将炮弹命中城墙后的目标。后来开普勒发现了行星是以椭圆轨道围绕太阳运行的。再后来，天才科学家牛顿发现月球运动的规律与炮弹是一样的。那为什么月球不会掉到地球上呢？

地球绕太阳沿椭圆轨道运行。

要画一个椭圆，可以用细线做成一个圆圈，将两个大头针钉在圆圈里面，然后用铅笔拉着细线画出椭圆。

什么是椭圆？

椭圆就像是一个被压扁的圆，不过我们可以通过数学语言更精确地描述它。椭圆里面有两个焦点。椭圆是由到两焦点距离之和相等的点构成的。很多人都认为行星沿着圆形轨道围绕太阳运行，但实际上行星是沿着椭圆形轨道运行的。太阳位于椭圆形轨道的一个焦点上，另一个焦点则是空旷的宇宙空间。

16

伽利略发现了飞行中的炮弹与平方数之间的联系。这个规律就是：不论炮弹在第一个单位时间内下落了多远的距离，它在前二个单位时间内下落的距离是第一个单位时间内下落距离的4倍，在前三个单位时间内下落的距离是第一个单位时间内下落距离的9倍。所以可以得出，炮弹下落的距离与下落时间的平方成正比。

9

落到地球上？

牛顿解释说，其实月球在向着地球的方向具有加速度，只是它在切线方向的速度刚好能够使它保持在轨道上。通过对伽利略和开普勒所做工作的综合，牛顿发现了万有引力定律。

伸展的图形

三维图形之间也可以是拓扑等价的。举例来说，一枚钱币和一个大理石桌球拓扑等价，但是它们都不能与救生圈等价，因为救生圈中间有一个洞。然而，茶杯和救生圈是拓扑等价的，因为它们都只有围绕一个洞。

莫比乌斯带

一张纸有几个面？显然答案是两个面。那一张纸有没有可能只有一个面呢？回答是肯定的，不过这是一张很特别的纸，它是由数学家莫比乌斯发明的。下面告诉你怎么做一个莫比乌斯带。

整齐地剪下一张长纸条，长度至少要20厘米，宽度至少要2.5厘米。

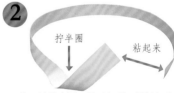

拧半圈　　　粘起来

将一端拧半圈，然后与另一端粘起来。这时这张纸就只有一个面和一条边了！你以用手指沿着它的面滑动来检查。

四色问题

当你为一张地图着色的时候，要使相邻的区域具有不同的颜色，那么最少要用几种颜色？这个谜题自1840年由莫比乌斯提出来之后，就一直困扰着数学家们。直到1976年，一台计算机花了1200小时才将它解决。你可以画一片大陆，再将它划分成许多国家，将围绕大陆的海洋染成一种颜色，之后试一试能不能用三种颜色将沿海的国家都区分开。

拓扑学是一门研究图形被拉伸、扭曲和缠绕的学科。一些人戏称它为"橡皮纸"几何学。如果一个图形可以通过拉伸弯曲变成另一个图形，那么它们就是"拓扑等价"的。圆形和正方形就是拓扑等价的，因为你可以拉伸其中一个使它变成另一个。但是数字"8"和"0"就不是拓扑等价，因为在"8"的中间有一个相交点。

看一看这些图形

试一试能不能分辨出下面的物体中哪些是拓扑等价的，
哪一个与其他的都不等价。

3 下面试试更有趣的玩法。如果沿着纸的中线剪一圈，它将会是什么样子？试一下看看结果。

4 再做一个莫比乌斯带，这一次沿着它1/3宽的地方剪一圈，结果又会让你大吃一惊。

现在用纸带做两个纸环（不是莫比乌斯带），然后把它们在一点粘起来。把它们沿各自的中线剪开，想一想这次会得到什么？

现在再做一个小魔术

将一条纸带弯曲成Z字形，用两个回形针将形状固定。问一问你的朋友，当你用力拉纸的两端时会发生什么？然后猛拉纸的两端，你会发现两个回形针连起来了！这就是数学的魔力！

和尚爬山

从前有座山，山上有座庙。有一天早上，老和尚爬山去庙里，山路非常崎岖，他花了一整天才到达山上。第二天和尚沿着原路下山，出发比较晚，但是只用了半天就到达了山脚下。那么，在两天的同一个时刻，和尚是否可能走在同一个地点上？

镜 子

趣味小知识

你是对称的吗？

人类的脸是接近对称的，但并不完全对称。将一面镜子放在你脸部照片的中间看一看你的脸的对称程度。看看两部分的镜像——它们有区别吗？如果你有电脑的话，可以试一试这样做：将自己的面部照片分为左右两部分，将两部分分别折叠覆盖另一侧，将会得到你的两张不同的面孔。

随着年龄的增长，我们的脸型会越来越不对称，似乎脸庞的左边要比右边显得更紧绷一些。观察一下父母的脸型，看看你们谁的脸型更对称？

真实的你

如果你想看一看自己到底长什么样，你就得用两面镜子。将它们摆成直角，然后靠近镜子观察一下。当你把头转向左边或者右边的时候，发生了什么？你看到的画面是没有反转的真实的你——就是别人看你的时候你的样子。是不是吓了一跳？

90°

轴对称

如果一个物体具有相同的两部分（如同反射出来的一样），它就是轴对称图形。大多数的动物包括人类都是轴对称的。两部分中间的分割线叫作对称轴。蝴蝶只有一条对称轴，正方形有四条，而圆形有无数条对称轴。

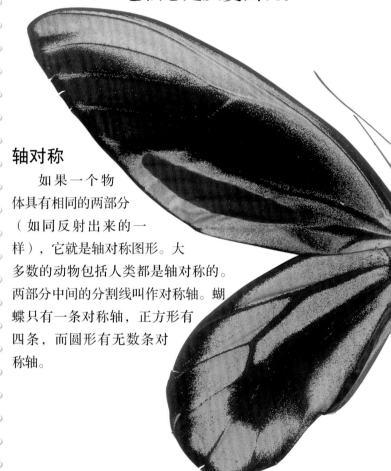

下面的物体各自有几条对称轴？

镜子

当你转动旋转对称图形时，
它们总是反复出现。

海星是对称的吗?

海星的身体呈辐射对称。同时它也具有5阶旋转对称性，也就是说，当你把它的中心固定并旋转一周，你会看到它与初始图形重合5次。平行四边形、字母N、S和Z都是旋转对称图形，但不是轴对称图形。

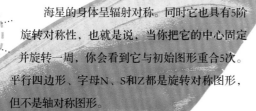

为什么镜子要颠倒世界?

为什么镜子只是反转左右而不颠倒上下? 事实上，镜子根本就没有交换左右。如果你站在镜子前面挥动你的左手，镜子里挥动的手也是在左边。它并不是你右手的镜像，镜子中的左手与实际的左手是相反的，对于我们的头也是同样的道理。产生混乱的原因在于我们总是想象着自己站在镜子后面。试一试将两面成90度的镜子（68页左下）竖着放——哈哈! 现在你上下颠倒了!

下面的物体各自有几条对称轴?

镜像书写

将一些纸放在你的额头上，然后在上面写你的名字。虽然镜像书写很难，但是大多数人都会用镜像书写写出自己的名字。著名的艺术家莱昂纳多·达·芬奇利用镜像书写写出的密码非常难于阅读（只有对着镜子，才能正确读出所写的内容）。

纸链

要想做一个对称图形连成的纸链，你可以将一条长纸带反复地Z字形折叠，然后在纸上画半个上图中橘红色的小人儿，保证小人儿的胳膊和腿都延伸到纸的边界，然后将它剪下来并把纸带展开。

回文句

顺着读和倒着读内容一样的句子称为"回文句"。如"上海自来水来自海上"。有个巧妙的方法可以将数字也变成相应的回文数字。先写出一个位数大于一位的数字，再将它反序写，然后将两个数字相加就得到回文数字了。如果第一次相加后没有得到回文数字，就重复做一次。大多数的数字只需几步就可以变成回文数字，但是89和98各需要24步。更奇怪的是我们无法用196写出回文数字。

69

炫目的

数学家伦哈特·欧拉通过研迷宫的数学问题创建了网络理论。

迷宫

迷宫类型

简单迷宫

只要你用左手（或者右手）摸着迷宫中的墙走，很多迷宫都可以轻易解决。试一试下面这个位于英格兰的汉普顿庄园迷宫。

复杂迷宫

在复杂迷宫里面，迷宫中心被独立墙（不与迷宫里其他墙相连）围住，所以单手法则就不起作用了。下面的迷宫有两个开口，寻找一条到中心的路，然后从另一侧开口走出来。

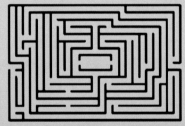

对于数学家来说，一座迷宫仅仅是一个拓扑学问题而已。一般来说，独立的墙的数量越多，迷宫就越难走。下面这座迷宫是100多年前建成的，位于英国数学家劳斯·鲍尔的花园里。它非常复杂，你无法使用单手法则来解决。要想走出这个迷宫，你要先找到死胡同并把它们涂上颜色。

设计一座迷宫

这种简单的迷宫设计在世界上很多古代遗迹中都发现过，北至芬兰，南到秘鲁。从一个十字形开始画起，你也可以设计出一条迷宫。

1 如上图所示，画一个十字形和5个点，从十字形的顶部到左上的点作一条曲线。

2 从右上的点到十字的右端再作一条曲线。

3 第三条曲线从十字左端开始，延伸到十字形右端下面的点。把这条曲线作宽一些。

4 最后一条线从右下的点开始，画到十字底端。

开始

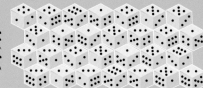

结束

在一般的骰子上，相对的两个面上的点数加起来总是等于7，在左边的骰子迷宫里，有些骰子是错误的。试一试你能不能只踩那些错误的骰子到达迷宫的另一端。

粉色的点在这座螺旋线迷宫的里面还是外面？你能找到区别一个点是在迷宫内部还是外部的数学法则吗？

上图中深蓝色的木条放在其他所有木条之上。如果你把木条从上到下一根一根地拿走，那么木条被拿走的顺序是什么？

你能找到穿过这条迷宫的路径吗？要求：每个圆圈都必须经过，且只能经过一次。提示：从最上面一行的中间开始，到最下面一行的中间结束。

一个叫作哥尼斯堡的俄罗斯镇上有七座桥和两个座岛。当地的居民发现谁都无法在每座桥都只走一次的条件下，将所有桥一次走完。伦哈特，欧拉对此作出了解释，这也成为一个新的数学分支——网络理论的开始。你能说出为什么这是不可能的吗？

曾经世界上最长的树篱迷宫位于英格兰的朗利特庄园。它由16000棵英国紫杉围成，道路总长2.7千米（1.7英里）。要想找到穿过迷宫的路径，平均要用90分钟。

百变图形

图形谜题

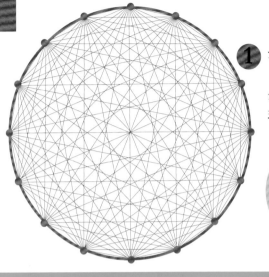

① 分割圆圈

如果你在圆上找到三个点并用直线连起来，那么圆将被分为4部分。圆上4个用直线相连的点将圆分为8部分，而5个点的时候是16部分。现在问，圆上6个相互连接的点将把圆分成几部分？提示：不是32。

② 字母表谜题

为什么有的字母在线的上面，而其他的在线的下面？提示：这道题与数字无关。

AEFHIKLMNTVWXYZ
- - - - - - - - - - - - - - - - - - - -
BCDGJOPQRSU

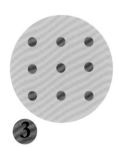

③ 如何用4条线连起9个点？

④ 只允许直着切3刀，如何将蛋糕分成8等份？

⑤ 只允许直着切3刀，如何将甜甜圈分成12份？

⑥ 如何才能使大个的甜甜圈从茶杯的把手中穿过？

⑦ 要种5行玫瑰，且每行必须种4株，在这种要求下，如何才能只种10株玫瑰？

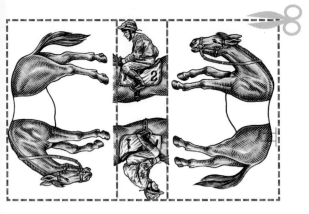

8 骑士与马

临描或者复印出左边的图，然后沿着虚线将它剪成3部分。如何在不折叠和不撕开纸的情况下摆放这3个部分，使骑士都正确地骑在马上？

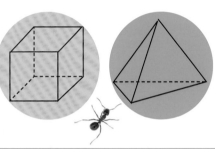 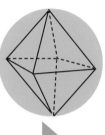

9 蚂蚁探路

一只蚂蚁绕着左边的图形探路。它能否不重复地一次走过某个图形所有的边？想要得出答案，试一下能否一笔画出这个图形。想一想，决定一个图形能否被一笔画出的数学规律是什么？

10 滑动的硬币

将6枚硬币摆成平行四边形。如何在只移动3枚硬币的前提下将平行四边形变成圆形？注意：不能把硬币拿走，而且每移动完一枚硬币，都要使它处在与任意其他两枚相接触的位置上。

上图的移法是不允许的，因为中间硬币移出来时会受到旁边两枚硬币的阻挡。

11 彩色立方体

一个立方体的6个面都染上了不同的颜色。下面的三幅图分别表示从不同角度看到的立方体。请问在第三幅图中朝下的那一面是什么颜色？提示：试着在脑海里翻转这个立方体。

12 穿过白纸

在一张明信片大小的白纸上剪出一个能让一个人通过的洞。你能办到吗？

 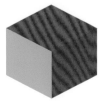

⑫ 数学的世界

伟大的科学家伽利略曾经说过：

"宇宙万物是用数学语言写成的。"

的确如此，数学帮助我们揭开了许多宇宙的奥秘，并由此推动了人类文明的进步。

人们要进一步了解世界，就需要发现新的数学形式。迄今为止，数学已经帮助我们了解了世界的各个方面，从纸牌游戏到天气预报，从艺术到哲学，随着新的分支的出现，数学的作用将越来越突出。

对数学家而言，数学就是一系列奇妙的游戏。未来的数学家将在数学游戏中诞生，也许你将是其中的一员——这不是很有趣吗？

碰 碰

当你散步的时候，有没有想过被闪电击中或者被陨石打中的概率是多少？如果你坐在飞机上，那么飞机坠毁或者你透过窗子看到一头正在天上飞的猪的概率又是多少？想要准确回答这些问题，你需要学习概率，它是数学的一个分支。

什么是概率？

我们用0~1之间的数字来表示概率。某件事概率为0表示该事件一定不会发生，反之概率为1表示事件肯定发生。概率在0和1之间表示事件可能发生。比如一枚硬币落在地上，正面朝上的概率是一半，也就是0.5。

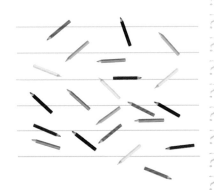

孟德尔系数

19世纪50年代，奥地利修道士格雷格·孟德尔通过概率得出一个惊人的发现。他用开紫花的豌豆和开白花的豌豆进行杂交，结果下一代的植株都是开紫花。他确定这些植株中肯定含有"白色"的基因，只是它们没有表现出来。所以，他又将这一代植株进行培育。那么就有四种可能：新一代的植株会遗传为两个紫花基因，一个紫花基因和一个白花基因，一个白花基因和一个紫花基因，两个白花基因。如果紫花是显性性状，白花就为隐性性状，所以平均起来，只有1/4的植株开白花。实际情况也的确如此。孟德尔因此提出了遗传因子的概念。

紫/紫　　　　白/白

紫/白　　紫/白　　紫/白　　紫/白

紫/紫　　紫/白　　紫/白　　白/白

运气

幸运法则

提供一个简单的技巧。在解决数学中有关概率的问题时，注意"或"和"与"这样的词。当你看到"或"时，你需要把概率相加得出答案。所以骰子1点或者2点朝上的概率应该是 $1/6+1/6=1/3$。当你看到"与"这个词时，则需要用到乘法。举个例子，两个骰子都掷到6的概率为 $1/6 \times 1/6 = 1/36$。

不会相同的扑克牌

如果我们来洗一副纸牌，那么洗完后纸牌按照某一特定顺序排列的概率是多大呢？答案是：1除以纸牌排列可能性的总和。我们可以这样计算出所有的纸牌排列情况：$52 \times 51 \times 50 \times 49 \times \cdots\cdots \times 1$（我们用阶乘的方法写下总数52！）这是一个非常庞大的数字：8千万兆兆兆兆。所以洗完的纸牌顺序相同的概率为8千万兆兆兆兆分之一。下一次你洗牌时可以这样想：在全世界的历史上从来没有两副顺序完全相同的纸牌！

哪个更危险？

有些人对吸烟的危害性毫不在意，但却担心被闪电击中。如果了解概率，他们就会改变想法。下面的表格是在统计了欧洲和北美洲的死亡率后得到的有关人类死因概率的数据。

死因	年死亡概率
一天吸10支烟	1/200
心脏病	1/300
交通意外	1/4000
流感	1/5000
飞机坠毁	1/16000
踢球	1/25000
谋杀	1/100000
被闪电击中	千万分之一
被陨石打中（假如）	万亿分之一

诡异的转盘

这个游戏虽然和运气有关，但却能让你总成为赢家。裁出4个六边形卡片，按照右图在卡片上写下数字，再在每一个卡片中间插上一个L形小棍，然后就可以向你的朋友挑战转盘游戏了。每人挑一个转盘，转动小棍，比较谁的小棍停下来时指的数字较大。

告诉你的朋友，他可以从中任选一个转盘，

并且由于每个转盘上的数字之和都是24，所以游戏是公平的。

游戏的关键在于看清对方所选转盘上的最大的数字，然后你再选。你选的原则是：挑比对方转盘最大数字大1的转盘。但如果对方选的是带有"8"的转盘，那你就选有"5"的转盘，这样的话，每次比赛你都会有2/3的机会取胜。

在巴西一只蝴蝶翅膀的拍打能够在

混沌
数学中的无序

运用一点儿数学知识，有些事情很容易预料。比如我们能准确地知道某颗行星100年后所在的位置和下一个圣诞节时潮汐将要到达的高度。但有些事情则几乎不可能预料，如弹球会落到哪里和下周的天气会怎样。

这是因为存在一种被称为混沌的数学现象。

飓风警报

什么是混沌？

如果某个系统具有混沌性，那么该系统就对初始条件具有敏感的依赖性，初始条件中一个微小的变化就会对结果造成巨大影响。弹球游戏就利用了混沌。你射出的每一个球都会沿着不同路径前进。弹球初始位置细微的差别及每次你在拉动弹簧时力量的不同都会成为改变弹球在桌面弹跳方向的主要原因。

数十亿年来，地球和其他行星在太空中的运动

美国得克萨斯州产生一股龙卷风

制造混沌摆

摆是在一定长度的细绳上来回摆动的砝码。普通摆的状态是可预测的，但是你可以利用磁铁制造一个状态完全不可预测的"混沌摆"。用一个条形磁铁作为砝码，并把它悬吊在桌子的上方。在桌子下面放置三块以上的磁铁并且确保磁铁不会接触到摆。摇动砝码，观察发生了什么。

飓风的开始

天气的变化有点像弹球游戏。当预报员预测天气时，他们发现，初始环境中微小的变化会导致未来4～5天后完全不同的天气，我们称这种现象为蝴蝶效应。蝴蝶效应的含义是：在理论上，一只蝴蝶在巴西扇动翅膀可以引起美国得克萨斯州的龙卷风。你完全可以做到同样的事情——如果你眨下眼睛，就可能引起美国夏威夷的飓风或者中国台湾的台风！

浴室里的混沌

当你慢慢打开水龙头时，你能亲眼看到混沌现象。开始时让龙头慢慢滴水，然后稍微开大一些，水会平滑缓缓地流出。再开大一些，水流变得无序——它汩汩作响，扭转着，跳动着。水流已经变得紊乱，这种状态就是混沌。点燃蜡烛时也会发生同样的事情。刚点着时，我们能预料到会有一缕青烟缓缓上升，但上升几厘米后，烟的状态突然变得难以捉摸：以一种复杂的形式盘绕着，波动着。

就像弹球游戏中的弹球一样混沌无序。

奇特的分形

　　直到100年以前，数学家仅仅研究了像三角形和圆这样的理想图形。但是在现实世界中这样的图形非常少。大自然中物体的形状是无规则的——想象一下曲折的海岸线或者起伏的山脉。山的形状是参差不齐的，越是离得近就越能看清楚它的不规则，它不像圆，因为圆放大后会变得更加平滑。1975年，数学家贝努瓦·曼德尔布罗特给这种毫无规则的形状起了名字，称它们为分形。

曼德尔布罗特集

　　曼德尔布罗特使用数学中的"虚数"在计算机上制图，从而创造了令人惊讶的分形图案。其中最著名的是曼德尔布罗特集，它是数学中最复杂的一部分知识。当你放大图形中微小的一部分，它会变得更加细致和美丽，而且这种细致是无限的。更神奇的是，尽管变化无穷，同样的基本图形却一次又一次地出现。

分形的椰菜

　　由复制自身一小部分得到的分形称为"自相似"。椰菜就是自相似分形，因为椰菜中的小花及其更小的花具有同整株植物一样的形状。罗马的椰菜看上去甚至有点像曼德尔布罗特集。

1   2

科赫的雪花

　　画一个等边三角形，然后以这个三角形边长的1/3为边再画一个等边三角形。重复同样的做法，并一直重复画下去。结果得到了一个被称为"科赫的雪花"的分形——完全由角构成的曲线。这个令人难以置信的分形是在有限的空间内由无限的周长组成的。

三角形中的三角形

　　另一个得到分形的简单方法是：在三角形中画三角形并且不停地画下去。这种分形称为谢尔平斯基镂垫。令人惊讶的是，如果你在帕斯卡三角中涂2~3种不同的颜色，你将会看到一个十分类似的图案。

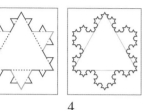

3   4

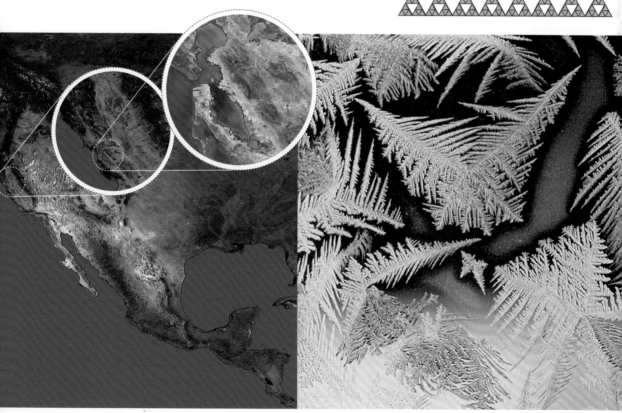

破褶的海岸线

　　南美洲的海岸线有多长？因为海岸线是分形的，所以不可能用一个简单的答案来回答。如果用地图测量，我们能够得到一个答案。但如果换一张更详尽的地图，你就能分辨出海岸线更细小的弯曲，测得的长度就更长。而若要驱车前往或者沿着海岸线徒步测量，你会得到一个更大的数据。测量结果随着图形被放大而增加的比率称为分形维数。

冰冻的蕨类植物

　　就像一棵树可以分解为主枝、分枝、末梢一样，自然界中最常见的分形就是以不断分枝的形式出现的。我们称这种形式为"分形树"。冰冻的蕨类植物、河流与支流及你身体中的血管都呈现出分形树的结构。

逻辑

比起数字或图形，这一分支的数学问题更需要我们运用思维来解决。给你一个问题的出发点，如果你可以作出一些推断，并且把你所有的推断联系起来，从而把问题解决，那么你运用的就是逻辑的方法。

运用逻辑思维

有时开动脑筋会比动手操作更快地解决问题。举个例子，想象一个缺失了两个对角的棋盘（如下图所示）。你能用31张多米诺骨牌把棋盘上剩下的62个格子盖住吗（每张牌盖住两个格子）？你可以尝试不同的摆放方式，但是可能需要花费很长时间。若依靠逻辑思维，就可以在几秒内回答这个问题。提示：缺失的两个格子是什么颜色的？所以呢？（答案在书后）

什么是悖论？

悖论就是当你运用逻辑思考某一个命题时，发现它本身存在着矛盾。试想你正带着罗盘向北极走，罗盘显示前方是北，左侧是西。如果你经过了极点然后转身，西就换到了另一边。这种情况看起来不可能，却是事实。再看另一个例子。某个村庄有一个理发师，为每个不自己动手刮胡子的人刮胡子，那么谁给理发师刮胡子呢？

逻辑难题

死囚牢

法官对囚犯进行了判决。法官告诉囚犯，由于他罪孽深重，他将会在一周内的某天中午被处以绞刑，为了对他的惩罚更重一些，他不能知道哪天是行刑的日子，直到行刑的那一天他才会知道。囚犯想了想，然后笑着说："那就意味着我不会被绞死了。"他为什么这样认为呢？

老虎

在印度，妈妈和儿子在地里劳动。一只老虎从茂密的草丛中跳了出来，用爪子把男孩儿抓到空地上。妈妈哭着说："放了我的孩子！"老虎说（这是一只会说话的老虎）："如果你能正确预测孩子的命运，我就放了他。你猜我会吃了他，还是放他走？"这位妈妈应该怎样回答呢？

右面那句话是正确的。

"我思故我在"

法国数学家勒内·笛卡尔（1596—1650）用逻辑证明：世界上，他唯一能够完全确定的事情是——他自己的存在。他用拉丁文总结为：Cogito, ergosun（"我思故我在"）。笛卡尔最主要的贡献是发明了直角坐标系。但却很少有人知道这项伟大的发明是在他生病期间完成的。

三道门

假如你正在参加一个电视游戏节目。主持人为你展现了三扇关闭的门并告诉你其中一扇门后面有一辆崭新的黑色跑车。如果你选对了门便会赢得这辆车。你随意选了其中的一扇门，然后主持人打开了另一扇门，里面是空的。当然他知道车在哪儿，如果他问你是否要改变主意。你会怎么做？

三顶帽子

三个姐妹A、B、C都戴着帽子，她们知道帽子的颜色不是白的就是黑的，但三顶不会都是白的。A可以看到B和C的帽子；B可以看到A和C的帽子；C被蒙住了眼睛。她们轮流被问到是否知道自己戴的帽子是什么颜色。结果是——A说："不知道"。B说："不知道"。C说："知道"。请问：C戴的帽子是什么颜色的？她又是怎么知道的？

齐诺的悖论

古希腊哲学家齐诺曾经苦苦思索一个有关无穷的悖论。这个悖论是这样的：一位名叫阿基里德的人与一只乌龟赛跑。阿基里德的速度是乌龟的十倍，乌龟先跑十米后他再跑。阿基里德跑了十米时，乌龟前进了一米，乌龟还在他的前面。阿基里德再前进一米，乌龟就又挪动了十分之一米，仍旧领先。每次阿基里德试图去追赶乌龟，但乌龟总比他领先一点。这种情况会一直持续下去，乌龟领先的距离会越来越小，但却总是领先。所以从逻辑上讲，阿基里德似乎永

远也无法超过乌龟。但常识告诉我们，在赛跑项目上，任何人都会超过乌龟！

这个难题困扰着古希腊人，因为他们不理解无穷的含义。他们认为，无穷个数的和，哪怕它们都非常小，总能加到无穷大。直到17世纪初，苏格兰数学家詹姆士·格雷戈里才彻底解决了这个问题，他证明了无穷多个递减的数之和是一个有限的值。

左面那句话是错误的。

数学的艺术

透视点

透视点

文艺复兴时期，艺术家为了增加画的立体感，开始借助数学手段。他们意识到远的物体应该画小一些，按距离渐渐远去的平行线应该汇聚于一点——"透视点"。上面这幅作品是卡帕其奥在1514年创作的，透视点位于作品的右侧。

艺术家利用数学

荷兰版画艺术家埃舍尔故意打破了前辈艺术家用来制作三维图像的数学法则，从而创造了非现实的、梦一样的世界。他的作品处处体现了对称，棋盘式的布局和无限的理念，这使他成为最具魅力的数学艺术家。

仅仅是错觉

这幅引起幻觉的图形称为彭罗斯三角形。阴影部分的图案使人脑产生幻觉，我们好像看到了一个三维的三角形，每个角都是直角——但这在数学上是不可能的。

你能在左图中找到隐藏的两颗头骨吗？

隐藏的头骨

在1955年霍尔班创作的作品《大使》中，底部有一个特殊的图像，如果你将画举起来贴近眼睛，从左下方到右上方看这个图像，你会发现这是一颗头骨。霍尔班运用透视几何学画出了这颗头骨，但其中的含义是个谜。在其中一位男士的帽子上还有一个稍小一些的头骨图像。

三维艺术

当今人们会利用计算机制作三维图像。上图是一幅立体图。如果你仔细看，并慢慢地前后移动这幅图，你会看见糖果神奇般地飘浮在半空中。

创造了视觉效果，

比如三维错觉。

埃舍尔的作品《楼梯之屋》展示的画面看上去是不可能的，因为它包含了两个透视点，使平行线变成了围绕它们的曲线。图中的每一个生物（埃舍尔把它们叫作蜷缩物）都属于其中某一个透视点。图的上部和下部是相同的，因此这幅图也许能令人信服地无限延伸下去。

在埃舍尔的作品《圆极限IV》中，天使和魔鬼利用图案间彼此的空隙，巧妙地构成了交错镶嵌式的画面。图案向边界收缩，看上去似乎可以无穷延续下去。埃舍尔的这个作品表达了一个不可能存在的二维平面，数学家称其为双曲平面。

数学 高超的小技巧 😃

数学天才成功的奥秘是要学会走捷径。从才华横溢的科学家到头脑灵活的商人，所有的数学行家都是如此。这里提供几个很棒的窍门。当你用它们进行实际操作时，可以不用计算器，仅凭脑子就能进行复杂的运算。

通向11的阶梯

只要你记住11就是10加1，那么有关11的乘法就会很简单。63×11可以简化为63乘10（得630）加63，得到693。

凑整

在计算较大数字的加法时，如果将其中一个数凑成最相近的整数，那么头脑中的运算会变简单许多。比如46加39，可把39加1凑整为40，46+40=86，最后减去加上的1得85。

5的巧变

如果你意识到5是10的一半，那么乘以5或者除以5的运算都会得简单。举个例子，计算5×36，先算出10×36=360，这个数的一半就是答案180。若计算一个较大数除以5的值，我们可以用这个数先除以10，再乘2得到最后答案。所以计算325÷5，先算325÷10=32.5，再翻倍求出最后得数65。

Long

简便除法

下面的技巧告诉你怎样判断一个数能否被 3，4，5，9，10，11整除。

÷

✳ 判断一个数能否被3整除可以把该数的每一位数字相加，如果和是3的倍数，那么这个数可以被3整除。例如，192可以被3整除，

因为 $1 + 9 + 2 = 12$ 。

✳ 如果一个数的最后两位是00或4的倍数，那么这个数就能被4整除。

✳ 如果一个数的末位是5或0，这个数就能被5整除。

✳ 如果一个数所有数字相加的和是9的倍数，那么这个数可以被9整除，例如：201915可以被9整除，因为2+0+1+9+1+5=18。

✳ 末位是0的数可以被10整除。

✳ 判断一个数是否能被11整除的方法是：用该数从左边起第一位数减去下一位数，再加下一位，再减下一位，直到末位。如果答案是0或11，那么这个数能被11整除。例如，判断35706能否被11整除，就用3-5+7-0+6=11，答案是可以。

1 在一张纸上写下数字9并将它封在信封中。

2 把这个信封给一个朋友让他保管好。

3 接下来让你的朋友在计算器中输入他电话号码的最后两位数。

4 加上你朋友衣袋里的钱数。

5 加上他的年龄。

6 加上他家的门牌号码。

7 减去他兄弟姐妹的个数。

8 减去12。

9 加上他喜欢的数字。

10 得出的答案乘以18。

11 将答案的每一位上的数字相加。

12 如果答案的位数大于一位，再将每一位数字相加，直到得出的答案是一位数，那么这个答案一定是9。

13 最后，让你的朋友拆开信封，念出答案。

名人录

伟大的科学家、数学家牛顿曾经说过，"我之所以比别人看得更远，那是因为我站在了巨人的肩膀上。"这句话告诉人们：就像所有的数学家一样，牛顿所有的工作都是建立在前人成就的基础上。下面列举了一些数学领域中的知名人物，就让我们从古埃及开始吧。

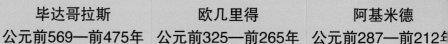

> 数即万物。

> 我发现了！

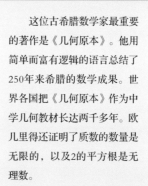

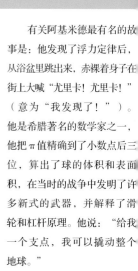

阿摩斯 约公元前1700年	毕达哥拉斯 公元前569—前475年	欧几里得 公元前325—前265年	阿基米德 公元前287—前212年
世界上第一位数学家是埃及人阿摩斯。公元前1700年，他在6米长的纸卷上写下了有关数学的85个难题及答案。其中一个难题是怎样通过加倍重复进行乘法，这就是二进制的先驱，正是二进制使今天的数字时代成为可能。从历史的角度来看，阿摩斯仅仅是抄写纸卷的人，而真正的无名创造者——广大的劳动人民却被遗忘在历史的长河中。	希腊哲学家毕达哥拉斯在数学基础上建立了一个秘密的宗教团体。他提出了"数即万物"的学说，相信数学可以解释一切。比如，他指出，弹奏一根弦一半的长度，可以得到比原来高八度的旋律。毕达哥拉斯第一次提出了作为一个圆球的地球的概念，并证明了著名的勾股定理。他还相信转世一说并且不吃豆类食物。	这位古希腊数学家最重要的著作是《几何原本》。他用简单而富有逻辑的语言总结了250年来希腊的数学成果。世界各国把《几何原本》作为中学几何教材长达两千多年。欧几里得还证明了质数的数量是无限的，以及2的平方根是无理数。	有关阿基米德最有名的故事是：他发现了浮力定律后，从浴盆里跳出来，赤裸着身子在街上大喊"尤里卡！尤里卡！"（意为"我发现了！"）。他是希腊著名的数学家之一，他把π值精确到了小数点后三位，算出了球的体积和表面积，在当时的战争中发明了许多新式的武器，并解释了滑轮和杠杆原理。他说："给我一个支点，我可以撬动整个地球。"

"印度数字 0987654321 的发明造福了人类。"

宇宙万物是用数学语言写成的。

希帕蒂娅
355—415年左右

花拉子模
780—850年

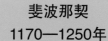

斐波那契
1170—1250年

伽利略
1564—1642年

　　希帕蒂娅是一位数学家的女儿，她出生在埃及亚历山大港，那里当时还是罗马帝国的一部分。她研究了锥体如何被切割以产生不同的曲线，并在亚历山大博物院教授哲学和天文学，积极传播新柏拉图主义哲学。在这个学派里，伟大的思想家们试图研究世界的本质。最终她被一群基督教暴徒谋杀了，因为她的思想让他们感受到了威胁。

　　阿拉伯数学家花拉子模曾经居住在巴格达。他的两本数学著作把印度数字和零带到了世界各地。算术和运算法则这两个词都是从他的名字演变而来，代数这个词源于他第一本著作的书名《复原和化简的科学》。在地理方面，他绘制了一幅非常详尽的世界地图。

　　斐波那契是莱昂纳多·达·比萨的昵称，他是意大利一位旅行商的儿子，他一生的大部分时间都住在阿尔及利亚。在那里，阿拉伯人教会了他怎样使用印度数字。印度数字使求和变得十分简单，他对此印象深刻，于是写了一本有关这方面的书，使印度数字在意大利很受欢迎。他将自然界与黄金分割率联系起来，发明了斐波那契数列。

　　伽利略被称为第一位真正的科学家，他发明了望远镜，发现了木星的卫星、月球上的山脉和太阳黑子。正是观察太阳黑子导致了他的失明。他还研究地球引力，他将球体从高楼上抛出，但由于物体自由降落时速度太大，用当时已有的仪器不易量度，更难得到精确的结果，所以须将这个速度减少到便利的限度以内，于是他就让球体从斜面降落。他发现物体的速度与时间成正比。正是这一结论帮助牛顿发现了重力。

> 宇宙这架机器不是一个生物而是一座精确运转的钟。

> 我思故我在。

> 和人接触越多，我越喜欢狗。

开普勒
1571—1630年

德国天文学家约翰尼斯·开普勒在望远镜发明以前就测量了行星轨道并发现行星绕太阳的轨道为椭圆而不是圆。他指出，彗星在接近太阳时会加速，还发现当行星在轨道上运行时，行星与太阳的连线在相同时间内扫过的面积是相等的。

笛卡尔
1596—1650年

勒内·笛卡尔躺在床上看到一只苍蝇时想：怎样描述苍蝇在任一时刻所在的位置呢？他意识到可以用三个坐标 (x, y, z) 表示空间中的维度（前/后，上/下，左/右）。笛卡尔是用字母表中最后的字母表示代数值的第一人。

费尔马
1601—1665年

费尔马提出了著名的数学难题"费尔马大定理"。他在一本书的页边空白处写道：他发现了一个"真实而又巧妙的证明"，就是证明等式在 $n>2$ 时无解。但他又写道："可惜这里没有足够的地方让我写出证明。"人们花了300多年的时间才证明了这个猜想。如此看来，费尔马似乎是在说谎，因为一般公认，他当时不可能有正确的证明。

帕斯卡
1623—1662年

帕斯卡是一名神童，他在16岁时就写了本有关数学的书，19岁就用齿轮发明了计算器。他与费尔马致力于解决赌博游戏中的难题，并由此创立了概率理论和帕斯卡三角。31岁那年，他成了一位虔诚的教徒并放弃了数学，在祈祷和沉思中度过了余生。

$$x^n + y^n = z^n$$

> 我能算出天体的运动，却无法预知人们的疯狂。

> 上帝也做算术。

> 如果某个想法一开始就合乎情理，那么它就毫无价值。

牛顿 1643—1727年	欧拉 1707—1783年	高斯 1777—1855年	艾米·诺特 1882—1935年

受伽利略自由落体实验和开普勒椭圆轨道的启发，牛顿解决了万有引力问题。他这样解释重力：向前扔一块石头，它会落在地球上。但如果你用的力气足够大，它将一直运动而不会落下来。这一说法准确地描述了月亮的运动。

瑞士人欧拉是位多产的数学家。他写了800多篇论文，有很多是在1766年他失明后完成的。在他逝世35年后，他的论文才全部出版完。他最大的成就是解决了哥尼斯堡七桥问题，这个问题是网络理论的开端——没有它就没有今天的微型芯片。

高斯被认为是有史以来非常伟大的三位数学家之一（其他两位是阿基米德和牛顿），他3岁时就能改正他父亲计算时出现的错误。当他还是个学生，就发明了一种能够快速求出连续数字之和的巧妙算法。高斯还证明了任何数字都能用质数表示，而且只有一种表示方法。（$8=2×2×2$；$6=2×3$；等等）。

德国数学家艾米·诺特于1907年获得博士学位，之后开始在哥廷根大学工作。1933年，她去了美国，并在那里被任命为教授。诺特发现了如何在不同领域运用方程式来找出事实，并说明了应用于物体（如原子）的对称性如何揭示物理学的基本定律。

高斯的业余爱好是记录世界名人的寿命，他的记录能够精确到天。

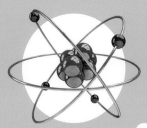

答 案

26～27页 数字游戏

1. 两张。就是你拿走的那两张!

2. 数字的位数代表价格,位数越多,价格越高。

3. 再读一遍问题的第一句你就知道答案了。

4. 100。

5. 只要1小时。

6. 只剩4只死乌鸦。剩下的被枪声吓飞了。

7. 12千克。

8. 因为1小时20分钟就是80分钟。

9. 一只。

10. 3匹。

11. 1个。

12. 63。

13. 并没有少了1英镑——这是一道智力陷阱。问题说:"每个顾客花费了9英镑而服务生得到了2英镑的小费,也就是说总共有29英镑",但是小费的2英镑应该从顾客付的27英镑钱里面扣掉而不是加上。

14. 有两种方法。第一种,威廉和亚瑟先一起过桥,用去2分钟,然后威廉拿着火把回来,这时总共用去3分钟。接着查理和本尼一起过,到此他们一共用了13分钟。亚瑟拿着火把回来(共15分钟),最后威廉和亚瑟一起通过(共17分钟)。第二种方法与第一种差不多,不同的是第一次让亚瑟代替威廉拿着火把回来。

15. 不可能。因为4个奇数加起来永远是偶数。

16. 牛仔借了邻居一匹马,这时一共有12匹。他将6匹给他的大儿子,3匹给他的二儿子,2匹给他的三儿子。最后把剩下的那一匹还给邻居。

17. 先灌满3升的罐子,把里面的水都倒入5升的罐子里。这时5升的罐子还剩下2升的空间。再把3升的罐子灌满,用它把5升的罐子灌满,这时3升的罐子里还剩1升水。倒空5升的罐子,把3升罐子里的1升水倒到里面,然后灌满3升的罐子,把3升水倒到5升的罐子里,这时就有了4升水。是不是很简单?

18. $64 \times 15625 = 1\,000\,000$

19. 可以。下面教你怎么做:从一段上取下一个环并用它把另外两段连起来。再取下一个环,连上另一段。最后用剩下的一个环把首尾连起来。

20. 在"IX"前面加上"S"就成了"SIX"。

21. 17只鸵鸟和13匹骆驼。

44～45页 平方数和三角数

逃跑的囚徒

只有住在号码为平方数房间里的罪犯才能逃走:1, 4, 9, 16, 25, 36和49。

46～47页 帕斯卡三角

A到B之路

共有56条路。路口上的数都是帕斯卡三角上的数。

54～55页 四条边的图形

1.

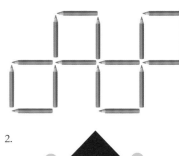

2.

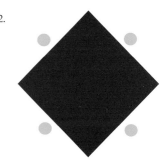

3. 对角线和圆的半径一样长(7+7)。

4.

5. 飞机在有风的情况下到达B地和没风的情况下到达C地所用时间是样的:30分钟。下面是飞行员计划路线:

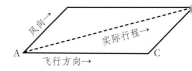

58～59页　第三维

	面数	边数	顶点数
立方体	6	12	8
正四面体	4	6	4
正八面体	8	12	6
正十二面体	12	30	20
正二十面体	20	30	12

面数+顶点数=边数+2

60～61页　足球与布基球

魔方

你需要切6次，因为中间的立方体有六个面。

62～63页　旋转不息

滚动的硬币

大多数人认为硬币会转半圈，实际上它整整转了一圈。

猎熊人

白色。猎熊人一定是在北极，所以这是一头北极熊。

今夜起飞

飞行员一定是飞往正好与机场相对的地球的另一面。无论女士要到哪里，飞行员都可以经过她的目的地。

粉色圆环的面积

它们的面积相等。这些圆环的半径从内到外依次增加1个单位，中间3个环的面积是 $\pi \times 3^2$，也就是 9π。蓝色环的面积=$\pi \times 5^2 - \pi \times 4^2$，也等于 9π。

66～67页　伸展的图形

拓扑图形

油炸圈与缝衣针、棉线轴、茶杯和漏斗拓扑等价。橄榄球与玻璃杯、足球、电池、骰子及铅笔拓扑等价

的。扳手、剪刀及香炉拓扑等价。砖块不与任何一个物体拓扑等价。

莫比乌斯带

当你沿着莫比乌斯带的中线将它剪开，它的长度会变为原来的两倍。当你沿着莫比乌斯带三分之一宽的地方剪开，它会变成两个相连的莫比乌斯带。

和尚爬山

可能。可以认为是两个人在同一天分别上下山。无论他们的速度如何，他们总会在半路上相遇。

68～69页　镜子

对称轴

透明胶带：无数条。花朵：大约和花瓣的数量一样多。五角星：5条。蝙蝠：1条。剪刀：1条。螃蟹：没有。钱币：7条。勺子：1条。

70～71页　炫目的迷宫

复杂迷宫

骰子迷宫

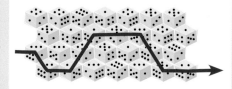

螺旋线迷宫

所有的点都在迷宫之外。要想确定一个点在迷宫外还是内，你可以数一数点与迷宫最外侧边之间有多少条边（包括最外侧的边）。如果是偶数，就在外部，如果是奇数，就在内部。

彩色木条

蓝色、红色、玫红色、淡蓝色、黄色、浅绿色、灰色、深绿色。

十二个相连的圆圈

哥尼斯堡七桥问题

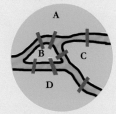

1736年，瑞士数学家伦哈特·欧拉利用网络理论解决了这个著名的难题。假设这座小镇有四个区域：A、B、C和D。当你在镇子里走的时候，你至少要在两个区域内进出相同的次数，所以这两个区域要有偶数座桥。但是所有区域的桥数都是奇数的，所以这么走是不可能的。

72~73页　图形谜题

1. 大多数人认为答案是32，因为看起来好像依次加倍。事实上，答案是31。

2. 直线上面所有字母都是由直线组成的，而直线下面的字母中含有曲线。

3.

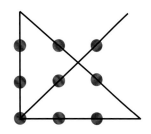

4. 竖着切两刀，两刀互成直角，将蛋糕分成四等份，再从蛋糕中间水平切一刀。

5. 首先水平切一刀，如同在削一张百吉饼。然后垂直切一刀将圆环变成两个半圆。最后将两部分堆起来这样切一刀：

6. 用你的手指把甜甜圈从茶杯把手中间拉过来。

7.

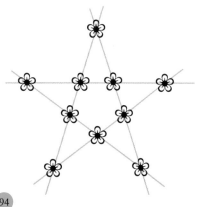

8.

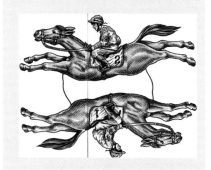

9. 蚂蚁可以一次走遍正八面体，但是立方体和正四面体不行。如果某图形有超过两个具有奇数条边的顶角，那么它就不能被一次走遍。71页的哥尼斯堡七桥问题与这个问题类似。

10. 有24种方法可以解决这个问题。下面是其中一种：

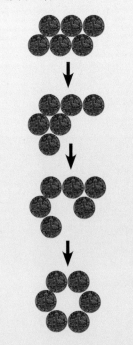

11. 绿色。

12.

82~83页　逻辑

运用逻辑思维

　　用多米诺骨牌覆盖住所有的格[]是不可能的。因为每张牌都会盖住[]黑一白两个格子，但缺失的格子都[]黑色的，所以最终会剩下两个无法[]住的白色格子。

什么是悖论？

　　没有人为她刮胡子，因为她根[]就没有胡子！

死囚牢

　　犯人不能知道自己哪天会被[]死，所以不能是第7天被处死，因[]这样的话他第6天就会提前知道，所[]第7天被排除了；同样他不能在第6[]被处死，因为他第5天就会知道；以[]类推下去，犯人不能在任何一天被[]死，所以犯人说自己不会被处死。

老虎

　　那位妈妈如果说"你会放了我[]孩子"，那么老虎就会随心所欲地[]

置男孩儿了。如果回答"你会吃了我的孩子"情形就会好些，但也形成了矛盾的局面：老虎既不能吃掉男孩儿，也不能放掉他。这是因为，如果妈妈的回答是正确的，老虎就不能吃掉孩子；如果妈妈回答错了，老虎也不能放了孩子。

三道门

如果你不改变主意，那么你有1/3的机会赢得那辆车。如果你改变主意，你就有2/3的机会猜中。许多人都会对这个答案表示怀疑，但这的确是事实。

三顶帽子

黑色。如果B和C的帽子都是白色的，那么A就知道自己帽子的颜色了（因为三顶帽子不全是白的），但A说她不知道，这说明B和C的帽子至少有一顶是黑色的。听了A的回答后，B知道了这一点，就去看C的帽子，如果C的帽子是白色的，那么B就知道自己的是黑的了。但事实并非如此，B的回答是"不知道"。这说明C的帽子一定是黑色的了，因为听了A和B的回答，所以C推测出自己戴的是黑色帽子。

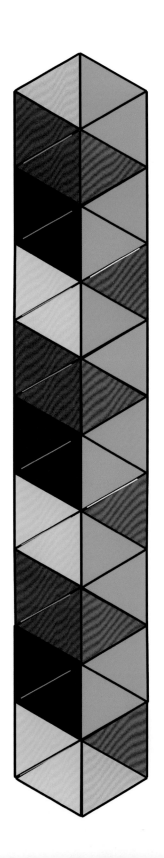

56～57页　多边的图形

制作一个拐折六边形

1. 按照左图所示图案图并填色。如果条件允许的话，最好能够使用彩色复印机扩印一份或者把它扫描到电脑中，尽可能大地打印出来。

2. 沿着中线对折，使三角形都朝向外面。

3. 将对折的两面粘起来，这样就可以形成一个长条，两面都是三角形，等胶水完全干了再进行下一步。

4. 拿起纸条使有黄色图案的一面在上面。沿着绿线折叠纸条，让绿线处于折叠的槽中，这样相同颜色的三角形会相对着。折完后纸条会变成一个纸卷。

5. 沿着每一条白线折叠，使白线位于折叠处的高处，这样就形成了一个六边形，一面全都是绿色，另一面除了一个没有折叠的三角形外，都是粉色的。

6. 将最后一个三角形折好，把两个灰色的面用胶水对粘，等待胶水晾干。

7. 要想折叠这个拐折六边形，你可以同时捏着两个顶点使它形成一个三角星，然后把它像花一样打开。每次你这么做的时候，它会完全地变换一次颜色。看看你是否能把六个颜色都折出来。

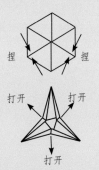

致谢

Dorling Kindersley would like to thank the following people for help with this book: Jacqueline Gooden, Elizabeth Haldane, Tory Gordon-Harris, Janice Hawkins, Robin Hunter, Anthony Limerick, Laura Roberts. DK would also like to thank the following for permission to reproduce their images (key: a=above, b=below, c=centre, l=left, r=right, t=top):

Alamy Images: AA World Travel Library 50c, 53br; Andrew Woodley 28-29, 35b; Che Garman 33bcr, 74-75, 76bcr1, 76bcr2, 76bcr3, 76bcr4, 76bcr5, 76br1, 76br2, 76br3, 76br4, 76br5; TNT Magazine 78bl. Ancient Art & Architecture Collection: 46tr, 89cla. The Art Archive: Institut de France Paris/Dagli Orti 83tc. Johnny Ball: 47tr. www.bridgeman.co.uk: National Gallery, London, UK 85cla; Pinacoteca di Brera, Milan, Italy 84car. Corbis: 88bl; Alinari Archives 88cal; Archivo Iconografico, S.A. 89clb, 89car, 90cal; Bettmann 32tl, 44cfl, 88car, 89cra, 90cla, 90cla, 90car, 91cra, 91cal, 91car; Carl & Ann Purcell 79cfr; David Reed 57crb; Duomo/Chris Trotman 9cra; Gianni Dagli Orti 5tl, 6clb, 14-15; Hulton-Deutsch Collection 88cra; Jim Reed 74t, 78car; Jon Feingersh 52tl, 52cra, 52crb, 52crb, 52bl, 52bcl, 52car, 52tcl; Joyce Choo 44-45; Keren Su 11cfr; Lee Snider/Photo Images 52br, 60-61; Leonard de Selva 91cla; M. Angelo 18clb, 18bl, 19crb; Matthias Kulka 36-37, 65br; Patrick Darby 36cla; The State Hermitage Museum, St Petersburg, Russia 67c; Reuters 8bl, 22br, 27cfl, 38bl, 62clb, 74-75, 78-79, 89bl; Rob Matheson 77cbr; Staffan Widstrand 16tr; Stefano Bianchetti 61br, 90cra. DK Images: Alan Hills & Barbara Winter/British Museum 6ca, 6cal, 6car, 14clb, 14cbl, 14clb2; Andy Crawford/David Roberts 45br; British Museum 6-7, 18-19b; Colin Keates/Natural History Museum, London 50-51, 57cal, 68-69, 77cbr; Dave King/Science Museum, London 6cbr; David Jordan/The Ivy Press Limited 6-7, 10cr, 11cl, 12bl, 13bl, 13bcl, 42bl, 42bc, 42br, 43bl, 43bc, 43br; Geoff Brightling/South of England Rare Breeds Centre, Ashford, Kent 27cfr; Guy Ryecart/The Ivy Press Limited 5bl, 74clb, 76cb; Jerry Young 83br; Judith Miller/Keller & Ross 64c; Michel Zabe/Conaculta-Inah-Mex/Instituto Nacional de Antropologia e Historia. 18-19t; Museum of London 86-87; Philip Dowell 14tr, 14cra; The Sean Hunter Collection 89br; Tina Chambers/National Maritime Museum, London 65bcr, 82c. Janice Hawkins: 16-17. The M.C. Escher Company, Holland: 84br, 84l, 85bl, 85bcr. Getty Images: Altrendo 28cla, 33cl; Botanica 74cl, 80cr; FoodPix 39cfl; Richard Heathcote – The FA 8-9b; Robert Harding World Imagery 50tl, 70-71. Magic Eye Inc. www.magiceye.c[...] 85cra. NASA: 63br, 81cl. National Geographic Image Collection: Jonathan Blair 33bcl. Photolibrary.com: Hagiwara Brian 5cla, 33br; Morrison Ted 33bl. Powerstock: age fotostock 79br. Science Photo Library: Alfred Pasieka 80cl, 8[...] J. Bernholc Et Al, Nor[...] Carolina State Univers[...] 60cl; John Durham 57[...] Kenneth Libbrecht 57cb; M-Sat Ltd 81c; Pekka Parviainen 81cr; Susumu Nishinag[...] 57cfr. Spaarnestad Fotoarchief: 6cal, 12tl, 12tc, 12tr, 13tl, 13tc, 13tr. Topfoto.co.uk: Silvio Fiore 88cla.

All other images © Dorling Kindersley.